Peter J. Derl

CAD/CAM Systeme

*Einsatzmöglichkeiten
Fallstudien zur Einführung
Fördernde und
hemmende Faktoren*

© Signum Verlag Ges. m. b. H. & Co. KG
1010 Wien, Bösendorferstraße 2

Druck: ALWA Ges.m.b.H.
1140 Wien, Flachgasse 5

Wien, 1987

ISBN 3 85436 052 5

VORWORT

Computer Aided Design (CAD) und Computer Aided Manufacturing (CAM) sind Meilensteine auf dem Weg zu einer durchgängigen und systematischen Rechnerunterstützung, die man als Computer Integrated Manufacturing (CIM) bezeichnet. Wir wissen, daß derartige neue Technologien auf erhebliche Einführungswiderstände stoßen. Dies gilt auch für Österreich, das bei CAD/CAM derzeit einen beträchtlichen Rückstand gegenüber anderen Industrieländern aufweist. Die vorliegende Schrift über „Fördernde und hemmende Faktoren bei der Einführung von CAD/CAM-Systemen" will helfen, die Schwellenangst gegen die Nutzung dieser neuen Technologien abzubauen.

Nun fehlt es beileibe nicht an gutgemeinten und nachhaltigen Versuchen, CAD/CAM zu forcieren. Man denke an die Hersteller von CAD/CAM-Systemen, an Beratungseinrichtungen der Kammern und Verbände, an Freie Berater, an Tagungen und Seminare und schließlich an die Ausbildungsanstrengungen in unseren Schulen und (vor allem) Technischen Universitäten. Aus den Erfahrungen bei der Einführung der Elektronischen Datenverarbeitung wissen wir, daß es nicht genügt, den potentiellen Anwender neuer Technologien mit Informationen zu versorgen. Vielmehr kommt es erst zur (erfolgreichen) Einführung, wenn der Anwender selbst aktiv wird, wenn er sich mit der neuen Technologie auseinandersetzt und so die Voraussetzungen schafft, um als Informationsnachfrager auftreten zu können. Erst die eigene Informationsnachfrage setzt ihn in die Lage, die an ihn adressierte Informationsversorgung zu verarbeiten und so für sich zu nutzen.

Das vorliegende Buch hilft ihm dabei. Es weckt nicht nur Neugierde, sondern befriedigt sie auch, es erklärt die wichtigsten Merkmale von CAD/CAM-Systemen und zeigt, welche Probleme sich mit diesen Systemen lösen lassen. Wir erfahren, welche Gründe aus der Sicht der Anwender für und gegen CAD/CAM sprechen. Fallstudien demonstrieren darüber hinaus in anschaulicher Weise, welche Probleme in ausgewählten Unternehmungen bei der Einführung aufgetreten sind und wie sie gemeistert werden. Der Zugang zu den untersuchten Unternehmungen wurde durch Adressenmaterial ermöglicht, welches das Institute of Industrial Innovation, Linz (III), dem Autor dankenswerterweise zur Verfügung gestellt hat.

Die vorliegende Schrift ist als Diplomarbeit an der Abteilung für Organisation und Materialwirtschaft an der Wirtschaftsuniversität Wien entstanden. Sie ist Zeugnis dafür, daß engagierte Studenten bei guter Betreuung auch an Massenuniversitäten Hervorragendes leisten können. Die Arbeit wurde 1986 mit einem Preis durch den Sallinger Fonds ausgezeichnet. Es ist ihr eine starke Verbreitung zu wünschen, im Interesse einer raschen Ausweitung des Einsatzes von CAD/CAM in Österreich.

Wien, im Jänner 1987
        Oskar Grün
        o. Univ. Prof. Dipl.-Kfm. Dr.
        Vorstand der Abteilung für Organisation
        und Materialwirtschaft an der Wirtschafts-
        universität Wien

Inhaltsverzeichnis

		Seite
1	**Einleitung**	11
1.1	Zielsetzung und Aufbau der Arbeit	11
1.2	Begriffsabgrenzung und Definition von CAD/CAM	14
1.2.1	Begriffsabgrenzung	14
1.2.2	Definition von CAD/CAM	15
2	**Voraussetzungen für CAD/CAM**	18
2.1	Umfeld von CAD/CAM	18
2.2	Entwicklung der Mikroelektronik und Informationstechnik	21
2.2.1	Mikroelektronik	21
2.2.2	Informationstechnik	24
3	**Konstruktion und Fertigung mit CAD/CAM**	27
3.1	Merkmale von CAD/CAM-Systemen	28
3.1.1	Rechnerkonfigurationen	30
3.1.2	Anwendungssoftware	33
3.1.3	Mensch-Maschine-Schnittstelle	37
3.1.3.1	Eingabetechniken	39
3.1.3.2	Ausbildung	40
3.1.4	Standardisierung	41
3.1.4.1	Geräteunabhängigkeit	42
3.1.4.2	Rechnerflexible Software	44
3.1.4.3	Offene Software	45
3.1.4.4	Offene Datenstrukturen	45
3.1.4.5	Genormte Datenschnittstellen	47
3.2	Einsatzmöglichkeiten von CAD/CAM-Systemen	48
3.2.1	Zeichensysteme	53
3.2.2	3D-Geometrieverarbeitung	59
3.2.3	Entwurf und Konstruktion	64
3.2.4	Berechnungen (FEM)	71
3.2.5	CAD/CAM-Kopplungen	75
4	**Empirische Studie zum Einsatz von CAD/CAM in Österreich**	86
4.1	Aufbau des Fragebogens	87
4.2	Ergebnisse der Befragung	95
4.2.1	CAD-Struktur nach Unternehmensmerkmalen	95
4.2.2	Gründe für und gegen CAD/CAM	99
4.2.3	Struktur der erhobenen CAD/CAM-Systeme	100
5	**Fallstudien zur Einführung von CAD/CAM-Systemen**	105
5.1	Fallstudie Unternehmen U1 — Sondermaschinen- und Anlagenbau	105
5.2	Fallstudie Unternehmen U2 — Industrieofenbau	120

5.3	Fallstudie Unternehmen U3 — Maschinenbau	123
5.4	Fallstudie Unternehmen U4 — Maschinenbau	126
5.5	Fallstudie Unternehmen U5 — Technisches Büro	130
5.6	Fallstudie Unternehmen U6 — Textilindustrie	136
5.7	Fallstudie Unternehmen U7 — Elektroindustrie	138
6	**Fördernde und hemmende Faktoren der Einführung von CAD/CAM**	**142**
6.1	Erhebung und Auswertung der Faktoren	142
6.2	Fördernde und hemmende Faktoren	155
	Anhang	159
	Literaturverzeichnis	165

Abbildungsverzeichnis

		Seite
Abb. 1:	Anforderungs- und Wirkungszusammenhänge bei CAD/CAM	12
Abb. 2:	Aufbau der Arbeit	13
Abb. 3:	Anwendungsbereiche der Computer-Aided-Technologien	14
Abb. 4:	Tätigkeitsmerkmale beim Konstruieren in bezug auf den Rechnereinsatz	15
Abb. 5:	Verteilung der Konstruktionstätigkeiten im Maschinenbau	16
Abb. 6:	Aufbau von CAD/CAM-Systemen	17
Abb. 7:	Innovationszeit einiger Erfindungen und Entdeckungen	18
Abb. 8:	Wechselwirkungen im sozialen Umfeld der CAD-Technik	21
Abb. 9:	Entwicklung bei integrierten Schaltungen	22
Abb. 10:	Ankündigung des Megabit-Chips	23
Abb. 11:	Funktioneller Aufbau digitaler Rechensysteme	24
Abb. 12:	Komponenten eines Rechnerverbundnetzes	26
Abb. 13:	Informationsübertragungssystem	26
Abb. 14:	Konstruktiver Aufbau digitaler Rechenanlagen	26
Abb. 15:	Wissen Sie, welcher Weg für Sie der richtige ist?	27
Abb. 16:	Hard- und Software-Komponenten	28
Abb. 17:	Einteilung der Software	28
Abb. 18:	Entwicklungsstufen von CAD/CAM-Systemen	29
Abb. 19:	Unterschiedliche Konfigurationsmöglichkeiten	32
Abb. 20:	Programmbestandteile	33
Abb. 21:	Softwarearchitekturen	33
Abb. 22:	Datenbank als zentrale Komponente	34
Abb. 23:	Einflüsse auf die Auslegung rechnerinterner Darstellungen	35
Abb. 24:	Entwicklungsstufen hinsichtlich rechnerinterner Darstellungen und Interaktivität	35
Abb. 25:	Gliederung der Geometrieverarbeitungsmöglichkeiten	36
Abb. 26:	Aufbau eines CAD-Arbeitsplatzes	37
Abb. 27:	Einteilung der Ein-/Ausgabegeräte	38
Abb. 28:	Gliederung der CAD-Ausgabegeräte	38
Abb. 29:	Hauptschnittstellen eines CAD-Systems	42
Abb. 30:	Schichtenmodell des **G**raphischen **K**ern-**S**ystems (GKS)	43
Abb. 31:	Generelle Schnittstellen im GKS	43
Abb. 32:	Datenstruktur eines geometrischen Modells bei PHIDAS	46
Abb. 33:	Mögliche Stufen der CAD/NC-Kopplung	47
Abb. 34:	Gliederungsvorschlag für CAD/CAM-Systeme	50
Abb. 35:	Umsetzung realer Objekte in eine rechnerinterne Darstellung	51
Abb. 36:	Tätigkeiten zur Herstellung von Fertigungsunterlagen	52
Abb. 37:	Stromlaufplan erstellt mit AUTOPLAN	56
Abb. 38:	Gebäudeansicht erstellt mit „Personal Architect"	56
Abb. 39:	Kanalnetz erstellt mit KLIMA-2000	57
Abb. 40:	Maschinenteil erstellt mit CADAM	58

Abb. 41:	Geometrisches Modellieren innerhalb des Konstruktionsprozesses	59
Abb. 42:	Konzepte von 3D-Modellen	60
Abb. 43:	Geometrische Elemente approximiert durch ebene Flächen	60
Abb. 44:	Volumenbildung durch: a) Flächenvereinigung, b) Basiskörper mittels Flächen, c) mengentheoretisch definierte Basiskörper	61
Abb. 45:	Volumenbeschreibung rißorientiert	62
Abb. 46:	Volumenbeschreibung durch Basiskörper	62
Abb. 47:	Schnitt durch ein 3D-Modell samt Bemaßung mit CONCAD	62
Abb. 48:	Explosionsdarstellung, Schnitt und Ansichten mit CAM-X	63
Abb. 49:	3D-Anwendung im Anlagenbau mit PDMS	63
Abb. 50:	Vorbereitungsmaßnahmen für den CAD/CAM-Einsatz	65
Abb. 51:	Automatisch entflochtener, zweiseitiger Leiterplattenentwurf	68
Abb. 52:	Komplexteil mit 3 Varianten	69
Abb. 53:	Ändern durch Überschreiben einer Maßzahl	70
Abb. 54:	Zerlegung eines Einzelteiles in Elemente	70
Abb. 55:	Entwicklung der Netzaufbereitung für FEM	72
Abb. 56:	FEM-Baukastensystem SARA	73
Abb. 57:	Anwendungsbeispiele für FEM mit SARA	74
Abb. 58:	Anforderungen der Einsatzgebiete an die Geometriedaten	77
Abb. 59:	Verwendete Programmiersprachen und angewandte Programmierarten	77
Abb. 60:	Qualitätsstufen der CAD/NC-Kopplung	78
Abb. 61:	Graphische Simulation von Fräs- und Bohrbearbeitungen	80
Abb. 62:	Schema eines DNC-Konzeptes	80
Abb. 63:	Entwicklung der Automatisierung in der Fertigung	81
Abb. 64:	Bauarten von Industrierobotern	82
Abb. 65:	Bestimmungsparameter für die Ermittlung von Handhabungsabläufen	83
Abb. 66:	Graphische Simulation einer Ladeaufgabe	84
Abb. 67:	Datenfluß zwischen PPS und CAD/CAM	86
Abb. 68:	Betriebsgrößenstruktur in Österreich	95
Abb. 69:	CAD-Struktur nach Wirtschaftszweigen	96
Abb. 70:	CAD-Struktur nach der Betriebsgröße	97
Abb. 71:	Gegenüberstellung der CAD-Struktur und der bedeutendsten Änderungen in den letzten 10 Jahren	98
Abb. 72:	Gründe, CAD (noch) nicht einzuführen	99
Abb. 73:	Gründe für die Einführung von CAD	100
Abb. 74:	CAD-Einführungsteam	100
Abb. 75:	Geplante und verwendete CAD-Systeme	101
Abb. 76:	Gegenüberstellung der (geplanten) Investitionshöhen	102
Abb. 77:	CAD-Funktionen nach Ausbaustufen	103
Abb. 78:	Gegenüberstellung der Einführung von CAD, NC-Maschinen und Handhabungsgeräten (HHG)	104

Abb. 79:	Gegenüberstellung CAD-Struktur mit NC- und HHG-Einsatz	104
Abb. 80:	Integrierte rechnergestützte Auftragsabwicklung bei U1	107
Abb. 81:	Hardwarekonfiguration der 1. Ausbaustufe bei U1	116
Abb. 82:	Hardwarekonfiguration der 2. Ausbaustufe bei U1	118
Abb. 83:	Finanzielle Faktoren	150
Abb. 84:	Faktoren zur Betriebsstruktur und Organisation	151
Abb. 85:	Personelle Faktoren	152
Abb. 86:	Faktoren zur Systemauswahl	153
Abb. 87:	Faktoren zur Einführung von CAD/CAM	154
Abb. 88:	Profil des (der) CAD/CAM-Verantwortlichen	155

Tabellenverzeichnis

		Seite
Tab. 1:	Die 25 größten Computer-Hersteller 1984	19
Tab. 2:	Schwerpunkte der Mikroelektronik-Förderung	20
Tab. 3:	Erfolgreiche Datenbanksysteme	46
Tab. 4:	Teilsysteme und -funktionen eines Industrieroboters	82
Tab. 5:	Fragebogen zum Stand von CAD/CAM in Österreich	88
Tab. 6:	CAD-Systemfunktionen	102
Tab. 7:	CAD-Funktionen in Zukunft	103
Tab. 8:	Anforderungen an das CAD/CAM-Personal bei U1	112
Tab. 9:	Bedeutung der Einführung bei U1	114
Tab. 10:	Verhaltensregeln für CAD/CAM bei U1	114
Tab. 11:	Maßnahmen zur Vorbereitung der Einführung bei U1	115
Tab. 12:	Kostenaufstellung der Systemkonfiguration bei U2	122
Tab. 13:	Konfigurationsmöglichkeit 1 bei U5	133
Tab. 14:	Konfigurationsmöglichkeit 2 bei U5	134
Tab. 15:	Gerätealternativen bei U5	135
Tab. 16:	Fragebogen zur Erhebung fördernder und hemmender Faktoren	144
Tab. 17:	Wirkungszusammenhänge fördernder und hemmender Faktoren	158

1 Einleitung

1.1 Zielsetzung und Aufbau der Arbeit

Mit der Nutzung des Computers begann ein neuer Abschnitt in der Menschheitsgeschichte. Nie zuvor war eine Zusammenarbeit zwischen Mensch und Maschine enger und vielfältiger als mit den ständig erweiterten Möglichkeiten der Informationstechnologien. Vor dem Hintergrund eines sich verschärfenden Wettbewerbs auf dem Markt stellt der zunehmend raschere technologische Wandel wachsende Anforderungen an die Führung und die Mitarbeiter eines Unternehmens. Kaum waren die Wunden einer Ersteinführung der Datenverarbeitung verheilt, wurden dieser Technologie neue, immer anspruchsvollere, aber auch komplexere Anwendungsbereiche erschlossen.

Im Entwicklungs- und Konstruktionsbereich wurde der Computer vorerst vor allem für die Unterstützung von Berechnungen eingesetzt. Erst die Massenproduktion von billigen mikroelektronischen Bauelementen konnte das Preis-/Leistungsverhältnis bei Rechnern derart verbessern, daß so aufwendige Verfahren wie die graphische Datenverarbeitung wirtschaftlich interessant wurden und zur Entwicklung vieler CAD/CAM-Systeme für die umfassende Unterstützung von Konstruktions- und Fertigungsaufgaben führten.

Das Ziel der rechnerunterstützten Konstruktion und Fertigung sollte jedoch nicht darin liegen, nur einen Tätigkeitskomplex oder ein Problem unter Zuhilfenahme des Computers zu bearbeiten, sondern es geht vielmehr um die strategische Zielsetzung einer durchgängigen, systematischen Rechnerunterstützung des gesamten Konstruktions- und Fertigungsprozesses. Die Umsetzung dieser Strategie wird sich von Betrieb zu Betrieb unterscheiden und stufenweise, Baustein für Baustein, erfolgen. Die Einführung eines CAD/CAM-Systemes stellt die Realisierung eines oder mehrerer dieser Bausteine dar und soll vor allem zur schnelleren, kostengünstigeren und flexibleren Entwicklung und Fertigung qualitativ hochwertiger Produkte beitragen und damit die Wettbewerbsposition des Unternehmens verbessern oder zumindest sichern.

Vor der Einführung müssen einerseits gewisse Mindestanforderungen erfüllt werden, andererseits sind mit der Einführung eine Reihe direkter und indirekter Wirkungen verbunden. Abbildung 1 gibt einen Überblick über den Zusammenhang von Anforderungen und Wirkungen bei CAD/CAM.

Diese Anforderungen und Wirkungen können fördernden oder hemmenden Einfluß auf den Erfolg der Einführung und Nutzung von CAD/CAM ausüben. Die Ermittlung dieser fördernden und hemmenden Faktoren soll die Zielsetzung der vorliegenden Arbeit darstellen. Ohne das Ergebnis vorwegzunehmen, kann doch gesagt werden, daß die Komplexität der Technologie selbst und die schwer überschaubare Vielfalt der angebotenen Problemlösungen als wichtige hemmende Faktoren anzusehen sind. Um diese Hemmnisse aufzuzeigen, wurde in Abschnitt 3 der vorliegenden Arbeit versucht, Merkmale und nach Ausbaustufen gegliederte Einsatzmöglichkeiten

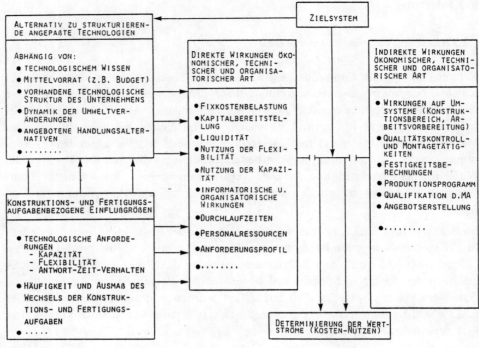

Abb. 1: Anforderungs- und Wirkungszusammenhänge bei CAD/CAM [1]

von CAD/CAM-Systemen darzustellen. Den zweiten Schwerpunkt der Arbeit stellt der empirische Teil dar, der mit einer Studie zum Einsatz dieser Systeme, Fallstudien zur Einführung und der Erhebung und Auswertung fördernder und hemmender Faktoren bei 30 inländischen Unternehmen einen Überblick über Stand und Probleme von CAD/CAM in Österreich geben soll (vgl. Abbildung 2, Abschnitte 4 bis 6).

---

[1] WILDEMANN, H. u.a. (Investitionsplanung), S. 95.

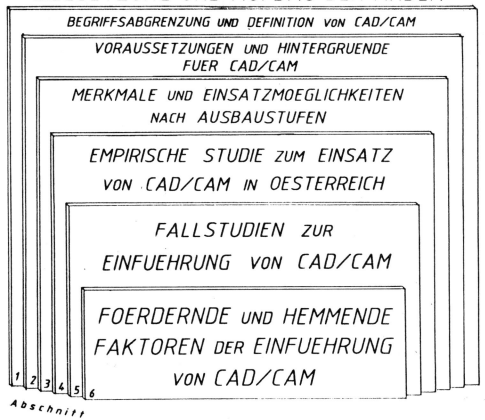

Abb. 2: Aufbau der Arbeit

1.2 Begriffsabgrenzung und Definition von CAD/CAM

Seit einigen Jahren werden für den Einsatz des Computers im technischen Bereich verschiedene aus dem Englischen stammende Abkürzungen eingeführt. So unterschiedlich die einzelnen Aufgabenbereiche in den verschiedenen Wirtschaftszweigen sind, so vielfältig und unscharf werden diese Begriffe verwendet.[2] Abbildung 3 gibt eine treffende Übersicht über die Anwendungsbereiche der einzelnen Technologien.

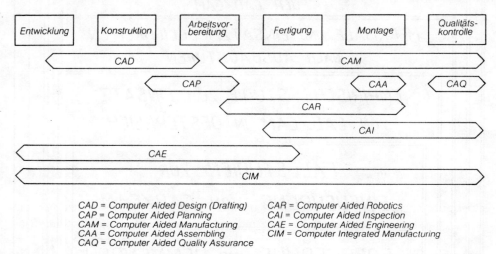

CAD = Computer Aided Design (Drafting)
CAP = Computer Aided Planning
CAM = Computer Aided Manufacturing
CAA = Computer Aided Assembling
CAQ = Computer Aided Quality Assurance
CAR = Computer Aided Robotics
CAI = Computer Aided Inspection
CAE = Computer Aided Engineering
CIM = Computer Integrated Manufacturing

Abb. 3: Anwendungsbereiche der Computer-Aided-Technologien[3]

1.2.1 Begriffsabgrenzung

Mit verstärktem Rechnereinsatz im Betrieb nehmen auch die Bestrebungen zu, die einzelnen Rechneranwendungen untereinander zu verbinden. Im Produktionsbereich setzt sich zunehmend CIM (**C**omputer **I**ntegrated **M**anufacturing), der integrierte Einsatz von Rechnern in allen mit der Produktion zusammenhängenden Betriebsbereichen, durch. CIM stellt somit mehr als einen Überbegriff über die Einzeltechnologien dar. Die praktische Realisierung von CIM-Konzepten ist in Österreich, von ersten Ansätzen abgesehen, durch viele schwer lösbare Probleme einer Gesamtintegration noch nicht anzutreffen. Die Bezeichnung CAD/CAM scheint praxisnäher und wird deshalb dieser Arbeit zugrundegelegt. Dabei bezeichnet

CAD (Computer Aided Design)
das rechnerunterstützte Entwickeln und Konstruieren,

CAM (**C**omputer **A**ided **M**anufacturing) die rechnerunterstützte Fertigung.

CAE (**C**omputer **A**ided **E**ngineering) wird als Begriff in dieser Arbeit nicht verwendet, da er sich zum Großteil mit CAD/CAM deckt. Der Bereich

CAP (**C**omputer **A**ided **P**lanning),

---
[2] Vgl. SPUR, G./KRAUSE, F.-L. (CAD-Technik), S. 16, REINAUER, G. (Aufbau), S. 9ff., BEY, I. (CAD/CAM), S. 179f, WILDEMANN, H. u.a. (Investitionsplanung), S. 24ff.
[3] Institute of Industrial Innovation (CAD/CAM), o.S.

die rechnerunterstützte Auftragsabwicklung, Fertigungsplanung und -steuerung — auch PPS (**P**roduktions-**P**lanung und -**S**teuerung) genannt — sowie die Materialwirtschaft sind nur insoweit Bestandteil dieser Arbeit, als Informationen mit CAD/CAM-Systemen ausgetauscht werden können. Die Begriffe

CAR (**C**omputer **A**ided **R**obotics), die rechnergestützte Robotersteuerung,

CAA (**C**omputer **A**ided **A**ssembling), die Rechnerunterstützung der Montage,

CAI (**C**omputer **A**ided **I**nspection)

und

CAQ (**C**omputer **A**ided **Q**uality Assurance),

die rechnergestützte Prüfung und Qualitätskontrolle bzw. -sicherung, werden in dieser Arbeit dem Bereich CAM zugerechnet und daher nicht explizit erwähnt.

1.2.2 Definition von CAD/CAM

CAD/CAM bedeutet die Rechnerunterstützung sämtlicher Tätigkeiten, die im Zuge der Entwicklung und Konstruktion anfallen, sowie die Erstellung der benötigten Fertigungsunterlagen. Die einzelnen Tätigkeiten sind jedoch mehr oder weniger leicht automatisierbar bzw. unterstützbar, was davon abhängt, inwieweit sich die einzelnen Arbeitsschritte schematisieren und somit für einen Mensch-Maschine-Dialog aufbereiten und programmieren lassen. Pahl/Beitz[4] unterscheiden dabei am Beispiel des Konstruierens zwischen schöpferischen und schematischen Tätigkeiten und stellen fest, daß die schematischen Tätigkeitsanteile im Verlauf des Konstruktionsprozesses zunehmen (siehe Abb. 4).

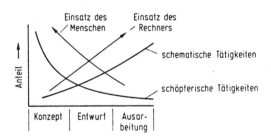

Abb. 4: Tätigkeitsmerkmale beim Konstruieren in bezug auf den Rechnereinsatz[5]

Welche Tätigkeiten von CAD/CAM-Systemen unterstützt werden, hängt weiters von ihrem zeitlichen Anteil im gesamten Arbeitsablauf ab. Diese Zeitanteile variieren in Abhängigkeit von der Komplexität des Objektes und von den Anforderungen an Genauigkeit, Umfang und Detaillierungsgrad der Arbeitsunterlagen. Als Beispiel einer umfassenden Konstruktion, wie sie bei Werkzeugmaschinen erforderlich ist, zeigt Abb. 5 die von R. Simon erhobenen Zeitanteile.

---

[4] Vgl. PAHL, G./BEITZ W. (Konstruktionslehre), S. 424 ff.
[5] Vgl. ebenda, S. 425, in Anlehnung an KRUMHAUER, P. (Rechnerunterstützung), S. 7.

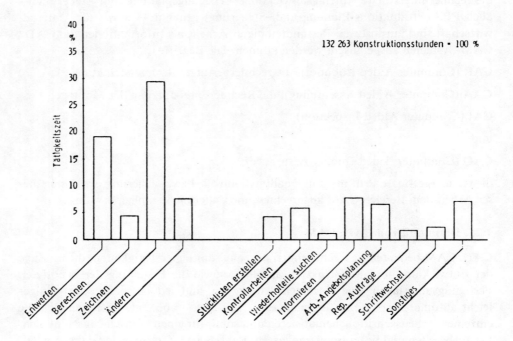

Abb. 5: Verteilung der Konstruktionstätigkeiten im Maschinenbau [6]

Um einen möglichst realitätsnahen Zugang zum Thema der vorliegenden Arbeit zu erleichtern, wird der Begriff CAD/CAM auf jene Teilfunktionen reduziert, die durch heutige und in näherer Zukunft zu erwartende CAD/CAM-Systeme abgedeckt werden. Die in Abb. 6 dargestellten Teilfunktionen werden durch die einzelnen CAD/CAM-Systeme in sehr unterschiedlichem Ausmaß unterstützt und von den Unternehmen erst schrittweise eingeführt. [7]

---

[6] Vgl. SIMON, R. (Konstruieren), S. 30.
[7] Vgl. dazu die Ergebnisse der empirischen Studie zum Einsatz von CAD/CAM-Systemen in Österreich, Abschnitt 4, S. 86 ff.

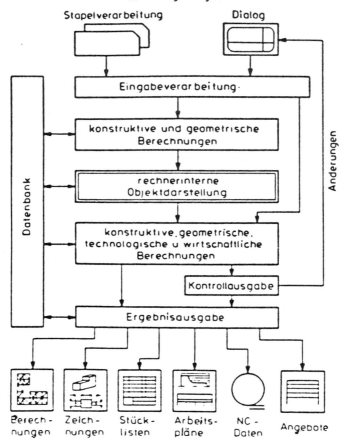

Abb. 6: Aufbau von CAD/CAM-Systemen[8]

Unter CAD/CAM-Systemen soll in dieser Arbeit das rechnerunterstützte Entwickeln und Konstruieren verstanden werden, wobei die dabei entstehende rechnerinterne Darstellung (RID) der Objekte über Schnittstellen oder direkt für Berechnungs-, Arbeitsplanungs- und Maschinensteuerungssysteme (insbesondere NC-Programmierung) bereitgestellt wird.

---

[3] SPUR, G./KRAUSE, F.-L. (CAD-Technik), S. 17.

2 Voraussetzungen für CAD/CAM

Der heutige Stand der CAD/CAM-Systeme ist neben anderen wichtigen Erfindungen vor allem der stürmischen Entwicklung der Mikroelektronik und der Informationstechnik[9] zu verdanken. Um Hintergründe aufzuzeigen, die Ursache für manche Probleme bei der Einführung dieser neuen Technologien sein können, soll ein kurzer Überblick zum Umfeld von CAD/CAM sowie zur Technologieentwicklung gegeben werden.

2.1 Umfeld von CAD/CAM

„Der technologische Wandel stellt derzeit eine der großen Strömungen der Änderung unseres Lebens- und Arbeitsraumes dar. Neben den Gen-, Weltraum- und Tiefseetechnologien zählen die Informationstechnologien zu den großen Clustern dieser neuen Technosphäre ... Die Betriebe werden zunehmend unter Druck gesetzt, auf diese Entwicklungen mit bedeutenden Veränderungen zu reagieren, auch wenn Visionen wie die vollautomatisierte Fabrik ... in nächster Zeit noch kaum realisiert werden können."[10] Damit spricht Pichler in seinem Vortrag Problemkreise an, die in einer Arbeit über fördernde und hemmende Faktoren nicht unberücksichtigt bleiben dürfen. Diese Problemkreise sind zum einen das enorme Tempo der Technologieentwicklung sowie zum anderen die strukturelle und personelle Situation als Ausgangspunkt bei der Einführung dieser Technologien. So hat sich die Innovationszeit, das ist die Zeit zwischen der Erfindung oder Entdeckung der Grundlagen und der Markteinführung eines Produktes oder eines neuen Verfahrens, wie Abb. 7 zeigt, im Laufe der Jahre drastisch verkürzt.

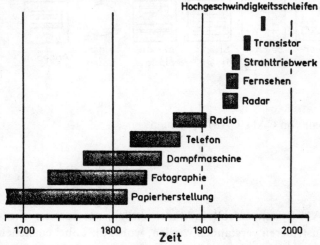

Abb. 7: Innovationszeit einiger Erfindungen und Entdeckungen[11]

---

[9] Unter Informationstechnik können alle Technologien, die menschliche Informations- und Kommunikationsprozesse betreffen, verstanden werden.
Vgl. LENK, K. (Informationstechnik), S. 295 ff.
[10] PICHLER, O. (Probleme), S. 21.
[11] MÜLLER, K.A. (Notwendigkeit), S. 5.

Im Gegensatz zu früheren Innovationen, die zum Großteil in Europa ihren Ursprung hatten, werden die Entwicklung und Anwendung der Mikroelektronik und Informationstechnik vor allem in den USA und Japan vorangetrieben. Ohne die Anstrengungen in Europa schmälern zu wollen, zeigt doch die Tabelle 1 am Beispiel

Rang ()*	Firma	Land	Umsatz 1984 in Mio. Dollar		Wachstum in %	DV-Umsatz % von
			insgesamt	DV-Umsatz	DV-Umsatz	insgesamt
1 (1)	IBM	USA	45 937,0	44 292,0	21,3	96,4
2 (2)	DEC	USA	6 230,0	6 230,0	29,0	100,0
3 (3)	Burroughs	USA	4 875,0	4 500,0	12,5	92,3
4 (4)	CDC	USA	5 026,9	3 755,5	7,0	74,7
5 (5)	NCR	USA	4 074,3	3 670,0	10,1	90,0
6 (–)	Fujitsu	Japan	6 440,7	3 499,3	24,9	54,3
7 (6)	Sperry	USA	5 370,0	3 473,9	13,0	64,7
8 (7)	Hewl. Pack.	USA	6 297,0	3 400,0	36,2	53,9
9 (–)	NEC	Japan	7 594,3	2 799,4	21,7	36,8
10 (–)	Siemens	BRD	16 076,8	2 789,5	27,4	17,3
11 (8)	Wang	USA	2 421,1	2 420,7	35,0	99,9
12 (–)	Hitachi	Japan	21 048,2	2 199,5	29,3	10,4
13 (–)	Olivetti	Italien	2 891,9	2 012,4	10,7	69,6
14 (11)	Apple	USA	1 897,9	1 897,9	74,9	100,0
15 (9)	Honeywell	USA	6 073,6	1 825,0	9,5	30,0
16 (–)	Bull	Frankreich	1 555,6	1 555,6	1,8	100,0
17 (10)	Xerox	USA	8 791,6	1 518,0	31,3	17,2
18 (20)	AT & T	USA	33 200,0	1 340,0	24,0	4,0
19 (16)	Data Gene.	USA	1 229,7	1 229,7	40,9	100,0
20 (–)	ICL	Großbritannien	1 222,7	1 222,7	–4,6	100,0
21 (–)	Nixdorf	BRD	1 147,4	1 147,4	7,9	100,0
22 (–)	Toshiba	Japan	13 891,8	1 136,6	31,6	8,1
23 (14)	Commodore	USA	1 189,5	1 129,5	21,8	94,9
24 (–)	Ericsson	Schw.	3 545,1	1 123,3	15,6	31,6
25 (12)	TRW	USA	6 061,7	1,105,0	8,8	18,2

Tab. 1: Die 25 größten Computer-Hersteller 1984 [12]

der Umsatzrangliste der Computer-Hersteller die Dominanz dieser beiden Länder. Einer der Gründe für diese Marktposition ist ihre führende Stellung bei der Entwicklung und Herstellung immer leistungsfähigerer mikroelektronischer Bauelemente. Um dieser Vormachtstellung zu begegnen und „um nicht in Abhängigkeiten zu geraten und in einer Schlüsseltechnik, die starke Auswirkungen auf andere Branchen hat, nicht zum Entwicklungsland zu werden"[13], sind von den meisten westeuropäischen Ländern einerseits Forschungs- und Entwicklungsprojekte in Angriff genommen, andererseits beträchtliche finanzielle Mittel für die Anwendungsförderung bereitgestellt worden. So auch in Österreich, wo als Ergebnis einer Studie, die vom Österreichischen Institut für Wirtschaftsforschung im Jahr 1981 fertiggestellt wurde, die Verstärkung der Lehr- und Forschungskapazität auf dem Gebiet der

---

[12] o.V. (Japan), S. 312.
[13] Bundesministerium für Wissenschaft und Forschung (Mikroelektronik), S. 37.

Mikroelektronik empfohlen wurde. Drei Jahre später, im Jahr 1984, wurde dann das Förderungsprogramm 1985—1987 zum Technologieschwerpunkt Mikroelektronik und Informationsverarbeitung (siehe Tab. 2) beschlossen.[14]

	Schwerpunkt gem. Forschungskonzeption 80	Federführendes Forschungsinstitut (Schwerpunktinstitut)	Rechtsträger	korrespondierendes Universitätsinstitut
S 1	Halbleitertechnologie und Anwendungen	Forschungsinstitut für Angewandte Elektronik (Prof. PASCHKE) *)	Gesellschaft für Mikroelektronik (GMe)	Institut für Allgemeine Elektrotechnik und Elektronik, TU Wien
S 2	Sensorik	Laboratorium für Sensorik (Prof. LEOPOLD)	Forschungszentrum Graz	Institut für Elektronik, TU Graz
S 3	Mikroprozessortechnik	Forschungsinstitut für Mikroprozessortechnik (Prof. MÜHLBACHER)	UNI Linz § 93 UOG	Institut für Mikroelektronik, UNI Linz
S 4	Kommunikationstechnologie	Forschungsinstitut für Angewandte Informationsverarbeitung (Prof. MAURER)	OCG, Graz TU Graz	Institut für Informationsverarbeitung,
S 5	Prozeßdatenverarbeitung	Forschungsinstitut für Echtzeitdatenverarbeitung (Prof. KOPETZ) *)	TU Wien § 93 UOG	Institut für Praktische Informatik, TU Wien
S 6	Digitale Bildverarbeitung und Graphik	Institut für Digitale Bildverarbeitung und Graphik (Doz. BUCHROITHNER)	Forschungszentrum Graz	Institut für Geodäsie, TU Graz
S 7	Künstliche Intelligenz	Österr. Forschungsinstitut für Künstliche Intelligenz (Prof. TRAPPL)	Österr. Studiengesellschaft f. Kybernetik	Institut für Medizinische Kybernetik und Artificial Intelligence, UNI Wien
S 8	Robotertechnik	Forschungsinstitut für Robotertechnik (Prof. WESESLINDTNER) *)	TU Wien § 93 UOG	Institut für Fertigungstechnik, TU Wien
S 9	Flexible Automation und computerunterstütztes Entwerfen	Schwerpunktbereich Flexible Automation (Prof. DETTER)	ÖFZ Seibersdorf	Ordinariat für Flexible Automation, TU Wien
S 10	Meßtechnik und Datenverarbeitung	Schwerpunktbereich Meßtechnik und Datenverarbeitung (Prof. EDER)	ÖFZ Seibersdorf	Institut für elektrische Meßtechnik, TU Wien u. Institut für praktische Informatik, TU Wien
S 11	Qualität und Zuverlässigkeit	Elektrotechnisches Institut, Abt. für Allgemeine Elektronik (D. I. OISMÜLLER)	Bundesversuchs- u. Forschungsanstalt Arsenal	
S 12	Technologiefolgenabschätzung	Institut für Sozioökonomische Entwicklungsforschung (Prof. BRAUN)	Österr. Akademie der Wissenschaften Wien	Institut für Soziologie, Sozialwissenschaftliche Fakultät, UNI Wien

Tab. 2: Schwerpunkte der Mikroelektronik-Förderung[15]

Inwieweit diese Maßnahmen Impulse für Forschung und Entwicklung bzw. Anwendung, insbesondere bei Klein- und Mittelbetrieben, darstellen, bleibt abzuwarten, denn „wie kaum anders zu erwarten, haben sich sehr rasch ... die ‚Förderungsprofis' ... gemeldet. ... Von den jüngeren bzw. kleineren Unternehmen fanden ... nur wenige den Weg in die ... ‚Förderungsbüros'.[16] Diese Feststellung deckt sich auch mit den Ergebnissen einer Untersuchung von Bornett/Neubauer über Innovationshemmnisse, wonach die Bereiche Gesetzgebung, Verwaltung und Politik eher als „behindernd" bei Innovationsprozessen empfunden werden.[17] Hingegen wurden die Beratungsaktivitäten der Handelskammern überwiegend positiv bewertet.[18] Es ist zu begrüßen, daß innovationsfördernde Rahmenbedingungen geschaffen werden, die die Wirtschaftlichkeit des Vorhabens positiv beeinflussen können; diese werden jedoch nicht das Hauptmotiv für die Durchführung so weitreichender Verfahrensinnovationen, wie die Einführung von CAD/CAM-Systemen, sein. Der Werbefeldzug für CAD/CAM, der von den Systemanbietern, den Behörden und Interessensvertretungen und nicht zuletzt von den Massenmedien geführt wird, hat zu verstärktem Interesse der Unternehmen beigetragen. Vom Interesse bis zur erfolgreichen Einfüh-

---

[14] Bundesministerium für Wissenschaft und Forschung (Mikroelektronik), S. 15 ff.
[15] Ebenda, S. 19.
[16] Ebenda, S. 6.
[17] Vgl. BORNETT, W./NEUBAUER, H. (Innovationshemmnisse), S. 17.
[18] Vgl. ebenda, S. 18.

rung sind für Österreichs verarbeitendes Gewerbe und Industrie noch zahlreiche Probleme zu bewältigen. Eines dieser Probleme dürfte die Betriebsgrößenstruktur mit ihrem Einfluß auf die finanziellen und personellen Ressourcen sein. Von den insgesamt über 30.000 Betrieben dieser Wirtschaftszweige beschäftigen nur rund 200 Unternehmen mehr als 500 und etwas über 1.000 Unternehmen zwischen 100 und 500 Mitarbeiter.[19] Obwohl CAD/CAM-Systeme durch die Preisentwicklung auf dem Markt zunehmend günstiger angeboten werden, stellen der notwendige Investitionsaufwand und die durch die Komplexität und Neuartigkeit von CAD/CAM-Systemen hohen Anforderungen an die Qualifikation der betroffenen Mitarbeiter für viele Unternehmen kaum überwindbare Barrieren dar.[20] Abb. 8 deutet die hier nur grob angerissenen Wechselwirkungen zwischen der CAD-Technik[21] und ihrem sozialen Umfeld an.

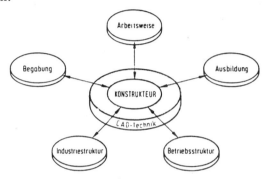

Abb. 8:   Wechselwirkungen im sozialen Umfeld der CAD-Technik[22]

2.2 Entwicklung der Mikroelektronik und Informationstechnik

2.2.1 Mikroelektronik

300 Jahre nach der ersten Rechenmaschine und 100 Jahre nach ersten Entwürfen einer Maschine mit Rechenwerk, Speicher und Ein-/Ausgabegeräten wurden 1936 vom Deutschen Konrad Zuse erste grundlegende Vorstellungen vom automatischen Rechnen entwickelt.[23] Er verwendete dabei bereits das Binärsystem[24] und die Gleitkommaarithmetik.[25] 1937 gelang in den USA mit der Erfindung von elektrischen Schaltkreisen, die nach den Booleschen Prinzipien[26] arbeiteten, ein entscheidender

---

[19] Vgl. Österreichisches Statistisches Zentralamt (Arbeitsstättenstatistik), S. 426.
[20] Vgl. Abschnitt 6, S. 142 ff.
[21] Unter CAD-Technik verstehen Spur/Krause das gesamte Fachgebiet der rechnerunterstützten Konstruktion und Arbeitsplanung und somit auch den Bereich CAD/CAM.
   Vgl. SPUR, G./KRAUSE, F.-L. (CAD-Technik), S. 19.
[22] SPUR, G./KRAUSE, F.-L. (CAD-Technik). S. 26.
[23] Vgl. IDE, T.R. (Technologie), S. 53.
[24] Mit dem Binärsystem ist es möglich, jede beliebige Zahl durch die Aneinanderreihung der Ziffern „Null" und „Eins" darzustellen. Vgl. HANSEN, H.R. (Wirtschaftsinformatik), S. 87 ff.
[25] Vgl. ebenda, S. 184 f.
[26] Trivial ausgedrückt werden damit, durch logische Verknüpfung von „ein" (Eins)- und „aus" (Null)-Schaltungen, eindeutige Zustände und somit logische Operationen ermöglicht.

Fortschritt in der Computertechnologie. Als erster universaler Digitalcomputer wurde 7 Jahre später der „Harvard Mark 1 Calculator" vorgestellt. Der gebürtige Ungar John von Neumann entwickelte 1945 in den USA das Konzept des gespeicherten Programms, womit Befehle im Computer in numerischer Form aufbewahrt werden konnten. In den darauffolgenden Jahren wurden unter Verwendung der Vakuumröhre die ersten vollelektronischen, extrem großen, tonnenschweren und teuren Computer gebaut.[27]

Was heute vielfach als „dritte industrielle Revolution" oder als „Weg in die Informationsgesellschaft" bezeichnet wird[28], begann 1948, als John Bardeen, Walter Brattain und William Shockely in den Bell-Laboratorien in den USA den Transistor[29] entwickelten. Er bahnte durch seine geringe Größe, hohe Zuverlässigkeit und niedrigen Energiebedarf der integrierten Schaltung den Weg. 1959 wurden erstmals Halbleiterelemente mit zwei oder mehreren Transistoren pro Siliziumsockel als integrierter Schaltkreis (Integrated Circuit = IC) möglich. Die Anzahl der Komponenten[30], die auf einem Chip[31] untergebracht werden können, ist seither exponentiell gewachsen (siehe Abb. 9).

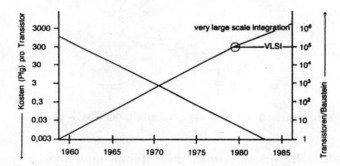

Abb. 9: Entwicklung bei integrierten Schaltungen[32]

Die Integrationsdichte ist ein geeigneter Maßstab für die Leistungskraft und Kapazität eines Chips. Werden komplette Schaltwerke durch integrierte Schaltkreise realisiert, so spricht man von Mikroprozessoren.[33] Sie werden auch nach der Geschwindigkeit der Informationsverarbeitung eingestuft. Je höher die Integrationsdichte, umso kürzer ist die Distanz, die das Signal zurücklegen muß, und somit die dafür be-

---

[27] Vgl. IDE, T.R. (Technologie) S. 53.
[28] Vgl. Bundesministerium für Wissenschaft und Forschung (Mikroelektronik), S. 9. und KING, A. (Industrielle Revolution), S. 11 ff.
[29] Bei digitaler Anwendung arbeitet ein Transistor wie ein elektrischer Schalter, der entweder „ein" (Eins) oder „aus" (Null) ist. Er kann auch als hochgradiger Verstärker verwendet werden. Nach der Bauart können bipolare Transistoren, Metall-Oxyd-Silizium-Feldeffekttransistoren mit Metall-Oxyd-Halbleiteraufbau (MOSFET) und Komplementär-Metall-Oxyd-Halbleiter (CMOS) unterschieden werden.
[30] Neben den Transistoren sind Widerstände, Kondensatoren und Dioden Komponenten von IC's.
[31] Kleines rechteckiges Siliziumplättchen mit wenigen (4—12) mm Seitenlänge.
[32] Vgl. HANSEN, H.R. (Wirtschaftsinformatik), S. 35.
[33] Mikroprozessoren sind das „Herz" des Mikrocomputers und bestehen aus Rechen-, Steuer- und Registerwerk.

nötigte Zeit. Die Verarbeitungsgeschwindigkeit der schnellsten Rechner bewegt sich durch diese Fortschritte heute bereits in der Größenordnung von mehreren (10—30) Millionen Instruktionen pro Sekunde (MIPS). Schon 1971 wurde von Intel in den USA der erste Mikroprozessor entwickelt, der auf einem einzigen Chip Platz hatte. 1975 ist es diesem Hersteller gelungen, einen ganzen Computer auf einer einzigen gedruckten Leiterplatte unterzubringen. [34]

CAD/CAM-Systeme wurden durch die Mikroelektronik erst möglich. Gerade aber durch den Einsatz von CAD/CAM-Systemen und Fortschritten in der Fotolithographie konnte die Entwicklung, Fertigung und Prüfung von Chips weitgehend automatisiert und radikal verbilligt werden (siehe Abb. 9, S. 22).

Megabit-Chip geht in Massenproduktion

Die japanische Firma Toshiba Corp. produziert seit November einen DRAM-Chip (DRAM = Dynamic Random Access Memory) mit einer Kapazität von einer Million Bits. Die monatliche Produktion soll bis April 1986 auf eine Million Stück ausgebaut werden, um die augenblickliche Monopolstellung auszunutzen.

Ab Juni 1985 wurden Muster an rund 100 potentielle Kunden versandt. Die Konkurrenz, die noch nicht ihre Investitionen in die Anlagen für 265-Kilobit-DRAM-Chips amortisiert hat, ist über das Vorgehen verärgert. Abnehmer sind Hersteller von Personalcomputern, Textilverarbeitungsanlagen usw.

Der 4,5 × 12,3 Millimeter große Megabit-Chip kann 130.000 alphanumerische Zeichen speichern, das entspricht etwa vier Zeitungsseiten Text. Der Preis liegt bei 10.000 Yen.
„The Japan Economic Journal"

Abb. 10: Ankündigung des Megabit-Chips [35]

Wie dem obenstehenden Zeitungsartikel zu entnehmen ist, geht diese Entwicklung mit enormer Geschwindigkeit weiter. Das Ausmaß der Miniaturisierung wird deutlich, wenn man sich vorstellt, daß dieses Megabit-Chip (1 Megabit = 1 Million Bits), hergestellt vor 25 Jahren und abgesehen von anderen Problemen, die Fläche von rund 25 m² benötigt hätte. Obwohl es immer schwieriger wird, immer kleinere Chips zu erzeugen, gab die Firma IBM die Entwicklung von Chips mit über 100.000 logischen Elementen und einer Speicherfähigkeit von bis zu 16 Millionen Bits bekannt. [36] Vor allem der niedrige Preis, der geringe Platzbedarf und die hohe Zuverlässigkeit und Flexibilität dieser elektronischen Bauelemente haben für ein bisher schon breites, in vollem Umfang aber noch gar nicht absehbares Anwendungsspektrum gesorgt.

---

[34] Vgl. IDE, T.R. (Technologie), S. 54.
[35] o.V. (Megabit-Chip), S. 19.
[36] o.V. (Informationen), S. 23 f.

Grundsätzlich kann die Mikroelektronik in allen Produkten mit Funktionen zum Steuern, Regeln und Optimieren von Prozessen, zum Erfassen, Vergleichen und Errechnen von Daten sowie zum Speichern, Umwandeln und Darstellen von Informationen eingesetzt werden. Die Anwendungsmöglichkeiten der Mikroelektronik umfassen somit so gut wie alle Bereiche des Menschen, den Umweltschutz, die Medizin und Informationstechnik bis hin zu Gütern für den persönlichen Gebrauch. Aus der langen Liste der möglichen Beispiele soll an dieser Stelle die Informationstechnik ausgewählt und, soweit es für die Entwicklung von CAD/CAM von Belang ist, kurz umrissen werden.

2.2.2 Informationstechnik

Die Leistungsfähigkeit von elektronischen Datenverarbeitungsanlagen (EDVA) und somit von CAD/CAM-Systemen hängt von der Ausgewogenheit von Hard- und Software bezogen auf die häufigsten Anwendungsfälle und von der Art und Menge der Daten sowie von der Anzahl und Arbeitsweise der Systembenutzer ab.

Abb. 11 zeigt den prinzipiellen Aufbau von Datenverarbeitungssystemen, die über Einheiten für die EINGABE, VERARBEITUNG, SPEICHERUNG und AUSGABE von Daten verfügen.

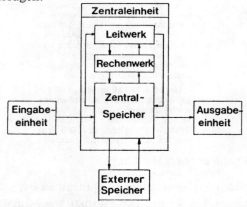

Abb. 11:   Funktioneller Aufbau digitaler Rechensysteme [37]

Für CAD/CAM sind folgende Rechnergruppen im Einsatz:
— Universal- und Großrechner
— Minicomputer bzw. Prozeßrechner
— Mikrocomputer

Die Grenzen zwischen diesen Rechnergruppen verschwimmen zusehends. Die Speicherkapazität der neuen 32-Bit [38]-Mikrocomputer in der Größenordnung von einigen

---

[37] Vgl. HANSEN, H.R. (Wirtschaftsinformatik), S. 27.
[38] Die meisten Rechner verwenden 8-Bit-, 16-Bit- oder 32-Bit-Mikroprozessoren. Das ist die Bit-Anzahl (Wortlänge), die gleichzeitig vom Prozessor verarbeitet werden kann und bestimmt damit die Verarbeitungsgeschwindigkeit sowie die maximal adressierbare Speichergröße des Rechners.

Megabyte (1 Megabyte = 1 Million Bytes) Realspeicher übertrifft damit manchen Minicomputer oder Großrechner von gestern. Traditionelle Mikrocomputer verwenden 8-Bit-Mikroprozessoren. Seit Beginn der 80er Jahre setzen sich 16-Bit- und neuerdings die noch wesentlich leistungsfähigeren 32-Bit-Mikros durch — und das zu Preisen in der Größenordnung von 500.000,— öS.[39] Mittelgroße Universalrechner derselben Leistungsklasse kosten ein Vielfaches davon.

Als Mindestausstattung der Mikrocomputer, die auch als Tischcomputer, Personalcomputer (PC) oder Professionalcomputer bezeichnet werden, stehen für die Ein-/Ausgabe eine Tastatur, ein (graphikfähiger) Bildschirm sowie ein Drucker zur Verfügung. Als externe Speicher sind üblicherweise Disketten (Floppy-Disk) und Festplattenspeicher sehr unterschiedlicher Leistungsfähigkeit im Einsatz. Als Abgrenzungskriterium zu größeren Rechnern wird vor allem der Einbenutzerbetrieb angeführt, wobei jedoch auch schon Betriebssysteme, die einen Mehrprogramm- und damit einen Mehrbenutzerbetrieb ermöglichen, in Verwendung sind.

Minicomputer waren ursprünglich reine Prozeßrechner, die im technisch-wissenschaftlichen Bereich weniger für die Verarbeitung großer Datenmengen, sondern mehr zur Durchführung von umfangreichen und komplizierten Berechnungen ausgelegt wurden.

Besonders zur Realisierung leistungsfähiger CAD-Systeme, bei denen viele Daten sehr schnell manipuliert werden müssen, entwickelten sich diese sog. Minicomputer zusammen mit neuen leistungsfähigen Peripheriegeräten für die Lösung von Aufgaben, die früher der „klassischen" (und teureren) Groß-EDV vorbehalten waren.

Die großen Universalrechner ihrerseits wachsen durch immer ausgefeiltere Hard- und Softwarearchitekturen, wie zum Beispiel durch Parallelverarbeitung mehrerer spezialisierter Prozessoren, schneller Pufferspeicher, Datenbanken und Netzwerke in Größenordnungen, die vor 10 Jahren kaum jemand für möglich hielt. Ohne hier auf Details eingehen zu wollen, kann als Faustregel gesagt werden, daß heute zum gleichen Preis rund die 10fache Leistung gegenüber noch vor 5 Jahren erhältlich ist.

Das verbesserte Preis-/Leistungsverhältnis erlaubt eine zunehmende, auf den individuellen Arbeitsplatz zugeschnittene Verteilung der Rechnerleistung. Lokale Netzwerke[40] spielen dabei eine große Rolle, denn sie ermöglichen den heterogenen Verbund verschiedener Datenverarbeitungsgeräte, die geographisch konzentriert (abhängig vom Netzwerk max. ca. 3—10 km), räumlich verteilt, durch Austausch von Daten kommunizieren. Zweck dabei ist die gemeinsame Verwendung von Betriebsmitteln und Daten. Man kann offene und geschlossene Netze unterscheiden. Geschlossene Netze enthalten nur völlig aufeinander abgestimmte Systemkomponenten, die den Anwender meist an die Geräte nur eines Herstellers binden. Zunehmend an Bedeutung gewinnen offene Netze, die die Verwendung von Systemkomponenten verschiedener Hersteller (begrenzt) zulassen.[41] Abb. 12 zeigt mögliche Komponen-

---

[39] Zum Beispiel werden die Hardware-Preise von kleineren Micro VAX-Konfigurationen in dieser Größenordnung angegeben. Vgl. o.V. (CAD), S. 26.
[40] Vgl. HANSEN, H.R. (Wirtschaftsinformatik), S. 463 ff.
[41] Vgl. SPUR, G./KRAUSE, F.-L. (CAD-Technik), S. 67.

ten eines Rechnerverbundnetzes, wobei jede Komponente über die in Abb. 13 dargestellten Einrichtungen verfügen muß.

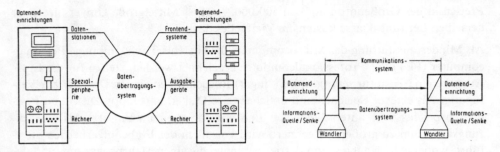

Abb. 12: Komponenten eines Rechnerverbundnetzes [42]

Abb. 13: Informationsübertragungssystem [43]

Die Wahl des oder der Rechner wird von den gewünschten bzw. notwendigen Peripheriegeräten mitbestimmt. Abb. 14 gibt dazu einen groben Überblick.

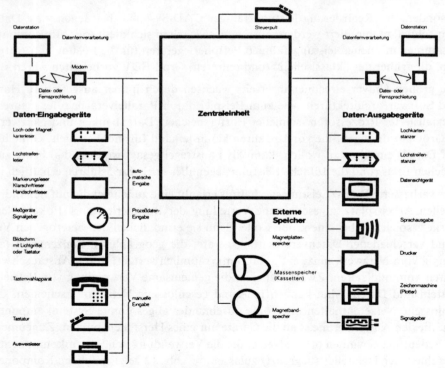

Abb. 14: Konstruktiver Aufbau digitaler Rechenanlagen [44]

---

[42] Vgl. SPUR, G./KRAUSE, F.-L. (CAD-Technik), S. 67.
[43] Ebenda.
[44] Vgl. HANSEN, H.R. (Wirtschaftsinformatik), S. 28.

Neben Rechnern wachsender Leistungsfähigkeit werden auch ständig neue und stark verbesserte Peripheriegeräte angeboten.

Für die Eingabe von graphischen Daten bei CAD/CAM-Systemen haben sich in den letzten Jahren das graphische Tablett bzw. Digitalisierungsgeräte durchgesetzt. Als Ausgabegeräte kommen zusätzlich preisgünstige Hardcopy-Geräte zur Abbildung des Bildschirminhaltes sowie COM-Geräte (COM: Computer Output on Microfilm) zur Anwendung. Hervorzuheben sind im Zusammenhang mit CAD/CAM-Systemen die Entwicklung billiger hochauflöslicher Rasterbildschirme[45] mit schnellem Bildaufbau, schneller elektrostatischer Plotter zur Zeichnungserstellung, preisgünstige kompakte Festplattenspeicher sowie die Erhöhung der Übertragungskapazität der Datenleitungen vom Rechner zur Peripherie.

3 Konstruktion und Fertigung mit CAD/CAM

Mit der in Abb. 15 gestellten Frage wird auf die Vielfalt der Möglichkeiten einer Rechnerunterstützung im Bereich CAD/CAM hingewiesen. Weltweit treten über 300 Systemanbieter mit einer Unzahl von Detaillösungen auf.[46] Dabei können spezielle Branchenlösungen sowie allgemein verwendbare Programmpakete zur Bearbeitung einer oder mehrerer Teilaufgaben, die auf den unterschiedlichsten Rechnertypen und Konfigurationen implementierbar sind, unterschieden werden. Die meisten der angebotenen Systeme zielen auf eine Zeitersparnis und gleichzeitige Qualitätssteigerung bei bestimmten Tätigkeiten der Entwicklung, Konstruktion, Arbeitsplanung und Fertigung vor allem durch die leichte Reproduktion geänderter Unterlagen und durch die Wieder- und Weiterverwendung der gespeicherten Daten ab. Sie wollen als Werkzeug aufgefaßt werden, das den Menschen unterstützt und ihm keinesfalls das Denken abnehmen kann. In diesem Kapitel sollen prinzipielle Merkmale und Einsatzmöglichkeiten von CAD/CAM-Systemen dargestellt werden.

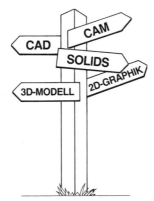

Abb. 15: Wissen Sie, welcher Weg für Sie der richtige ist?[47]

---

[45] Bei der Rastertechnik wird das Bild aus Einzelpunkten (Pixels) zusammengesetzt. Von hoher Bildauflösung spricht man ab ungefähr 1.000×1.000 Bildpunkten je Bild.
[46] Vgl. Nomina Information Services (ISIS), o.S.
[47] o.V. (CALMA), S. 28.

3.1 Merkmale von CAD/CAM-Systemen

Ein CAD/CAM-System besteht wie alle rechnergestützten Informationssysteme aus Menschen und Maschinen.[48] Durch die vielen Interaktionen zwischen dem Konstrukteur oder Arbeitsplaner und seinem Werkzeug, dem CAD/CAM-System, kommt der Gestaltung der Mensch-Maschine-Schnittstelle eine besondere Bedeutung zu. Die Hard- und Software-Komponenten sind in Abb. 16 dargestellt.

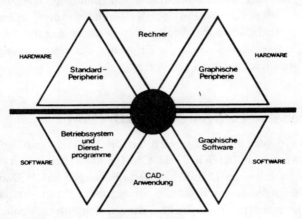

Abb. 16: Hard- und Software-Komponenten[49]

Die Entwicklung von Rechner und Peripherie wurde bereits aufgezeigt; mögliche Rechnerkonfigurationen werden in diesem Abschnitt vorgestellt; die Anwendung insbesondere der graphischen Peripherie wird in Zusammenhang mit den Einsatzmöglichkeiten beschrieben.

Die Software kann in Systemsoftware und Anwendungssoftware eingeteilt werden (siehe Abb. 17).

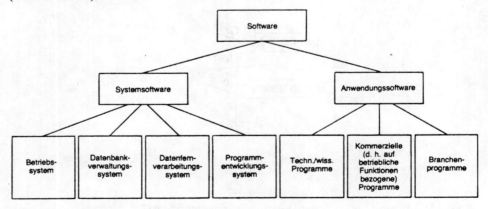

Abb. 17: Einteilung der Software[50]

---
[48] Vgl. HANSEN, H.R. (Wirtschaftsinformatik), S. 73.
[49] HUTTAR, E./WEISS, J./REINAUER, G. (Konstruktion), S. 21.
[50] HANSEN, H.R. (Wirtschaftsinformatik), S. 225.

Die Systemsoftware mit ihren Funktionen nimmt eine Schlüsselrolle zwischen der Hardware und der Anwendungssoftware ein. Das Betriebssystem ist fast immer durch die Rechnerwahl festgelegt. Sowohl der Rechner als auch die Anwendungsprogramme bestimmen ein etwaiges Datenbankverwaltungssystem. Datenübertragungssysteme, wie z.B. Netzwerke, sind meist nur für bestimmte Rechner, Betriebssysteme und Peripheriegeräte geeignet. Programmentwicklungssysteme werden üblicherweise vom Rechnerhersteller bezogen. Allerdings werden vor allem für die Erzeugung und Manipulation graphischer Objekte eigene Sprachen von den CAD/CAM-Lieferanten angeboten.

Die Funktionsfähigkeit und Kompatibilität der einzelnen Systemkomponenten untereinander ist keinesfalls selbstverständlich und sollte, besonders wenn eigene Erfahrungen fehlen, vertraglich gesichert werden. Die Anwendungssoftware baut auf Hardware und Systemsoftware auf. Ihre Funktionen werden durch die jeweilige Anwendung festgelegt, die ebenfalls im Zuge der Einsatzmöglichkeiten vorgestellt werden. Wesentliches Merkmal des jeweiligen CAD/CAM-Systemes ist die Entwicklungsstufe, der es zuzuordnen ist. Dabei ist maßgeblich, welche Arbeitsphasen bereits in das System integrierbar sind und nicht ob im ersten Einführungsschritt alle Phasen auf einmal eingesetzt werden.

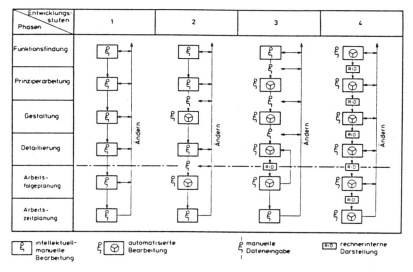

Abb. 18: Entwicklungsstufen von CAD/CAM-Systemen [51]

Je niedriger die Entwicklungsstufe ist und je weniger Phasen unterstützt werden, desto höher kann der Aufwand einer späteren Systemerweiterung eingeschätzt werden.

Nach dieser Grobcharakterisierung der CAD/CAM-Systeme sollen in den folgenden Unterpunkten einzelne Systemmerkmale näher erläutert werden.

---

[51] KRAUSE, F.-L. (Methoden), S. 6.

3.1.1 Rechnerkonfigurationen

Im Bereich der CAD/CAM-Systeme kommt zunehmend dem sogenannten „Workstation"-Konzept besondere Bedeutung zu. Dabei handelt es sich um selbständig arbeitsfähige Mikro- oder Minicomputer, mit eigenen, auf den jeweiligen Arbeitsplatz zugeschnittenen Ein-/Ausgabegeräten, die durch lokale Netzwerke untereinander bzw. mit einem Zentralrechner und dessen Peripherie verbunden werden können. Vorteile dieses Konzeptes sind die Entlastung des Zentralrechners und die Möglichkeit, die CAD/CAM-Anwendung mit nur einer oder wenigen „Workstations" beginnen und dann Schritt für Schritt ausbauen zu können.

Derzeit werden allerdings vielfach, vor allem bei mittelgroßen CAD/CAM-Anwendungen, leistungsfähige 32-Bit-Minicomputer als „Zentralrechner für den technischen Bereich" eingesetzt. An diese Rechner können einige (4—8) mehr oder weniger intelligente CAD-Arbeitsstationen sowie mehrere alphanumerische Terminals angeschlossen werden. Hochentwickelte (herstellerspezifische) Betriebssysteme steuern den Programmablauf und den Datenfluß zwischen den Benutzern und der zentral angeschlossenen Peripherie (Plattenspeicher, Bandstation, Plotter etc.) und ermöglichen somit die zentrale Verwaltung auch umfassender Daten bzw. Datenbanken. Dem Vorteil der zentralen Verwaltung stehen als Nachteile die hohen Einstiegskosten für den ersten CAD-Arbeitsplatz sowie längere Antwortzeiten bei zu vielen gleichzeitig aktiven CAD-Stationen gegenüber.

Neben dem noch nicht sehr verbreiteten „Workstation"-Konzept und dem „Zentralrechner für den technischen Bereich" sind theoretisch alle Kombinationen zwischen den einzelnen Rechnergruppen und der Peripherie vorstellbar. Zwei extreme Konzepte stechen jedoch hervor und sollen mit ihren Vor- und Nachteilen betrachtet werden.[52]

A) Das „Stand-Alone-System", bei dem es sich um einen selbständigen, meist kleinen Rechner samt Peripherie handelt. Viele der angebotenen schlüsselfertigen CAD- und CAM-Systeme (Turn Key Systems) basieren auf dieser Rechnerkonfiguration.

Als Vorteile werden häufig angeführt:

— Hardware, Software und Peripherie sind aufeinander abgestimmt und aus einer Hand.
— Strukturelle Einfachheit und damit größere Transparenz für den (vielleicht unerfahrenen) Benutzer.
— Unabhängigkeit von der Entfernung und vom Betrieb anderer Systeme.
— Meist kürzere Antwortzeiten als beim Großrechnerkonzept.
— Bei kleineren Systemen kann auf eigene Räumlichkeiten bzw. Klimatisierung verzichtet werden.

---

[52] Vgl. DUUS, W./GULBINS, J. (CAD-Systeme), S. 3 ff.

Nachteile können sein:

— Selbständige Systembetreuung bei Hardware-, Software-, Datenpflege und insbesondere Datensicherung ist erforderlich.
— Gegebenenfalls ist dazu eigenes Betreuungspersonal vorzusehen.
— Teure Peripherie kann nur für dieses System genutzt werden.
— Wenn kein bequemer Datentransport einrichtbar ist, entsteht vielfach ein hoher zusätzlicher Aufwand für (redundante) Datenerfassung und -speicherung.
— Das Erreichen der Kapazitätsgrenzen, falls eine Aufstockung bzw. ein Ausbau nicht möglich ist, da ein Systemwechsel üblicherweise mit sehr hohem Aufwand verbunden ist.
— Die Erweiterung des CAD-Systemes um zusätzliche Funktionen kann erschwert oder sogar ausgeschlossen sein.

B) Das „Großrechnerkonzept", bei dem zusätzlich zu meist vielen anderen Systembenutzern auch CAD-Arbeitsplätze direkt mit einem größeren Rechner verbunden sind.

Vorteile:

— Wenn man davon ausgeht, daß der Großrechner bereits vorhanden ist, so ist diese Lösung relativ billig zu realisieren, da neben den reinen Ausgabe- und Eingabegeräten, der Kopplungshardware und einem eventuell sinnvollen lokalen Speicher alle weiteren Peripheriekomponenten entfallen können. Mit einer innerbetrieblichen Leistungsverrechnung, bei der alle verbrauchten Ressourcen dem Benutzer verrechnet werden, können diese scheinbaren Vorteile jedoch wieder wegfallen.
— Die zentrale Datenspeicherung auf dem Zentralrechner kann die Weiterverwendung der Informationen in anderen Arbeitsgebieten erleichtern.

Nachteile:

— Ein kritischer Punkt dieses Konzeptes ist die Verbindung zum Hauptrechner. Hohe Datenraten beschränken einerseits die zulässige Entfernung von Hauptrechner und CAD-Arbeitsplatz, andererseits verursachen sie lange Antwortzeiten bzw. langsamen Bildaufbau. Vor allem wenn ein Bildschirm mit ständiger Bildwiederholung ohne eigenen Speicher angeschlossen ist oder wenn die angeschlossene Eingabeperipherie eine schnelle Behandlung erfordert (z.B. Zwischenpuffer bei graphischen Tableaus), wird in vielen Fällen ein eigener Vorrechner (FEP = **F**ront **E**nd **P**rocessor) notwendig sein.
— Die auf Großrechner zugeschnittene CAD-Software kann wesentlich teurer als eine gleichwertige für kleinere Rechner sein.

Eine Pauschalbeurteilung der einzelnen Konfigurationen wäre unseriös, da erst der konkrete Anwendungsfall mit allen seinen Ausprägungen für die eine oder andere Variante den Ausschlag geben wird. Vielfach wird die Entscheidung auch von der ausgewählten Software bestimmt, die z.B. nur auf einem bestimmten Rechnertyp im Verbund mit speziellen Peripheriegeräten lauffähig ist.

Als Beispiel für einige Konfigurationsmöglichkeiten dient Abb. 19. Die Größenordnung richtet sich nach den verwendeten Systemfunktionen und den angeschlossenen Arbeitsplätzen samt Peripherie.

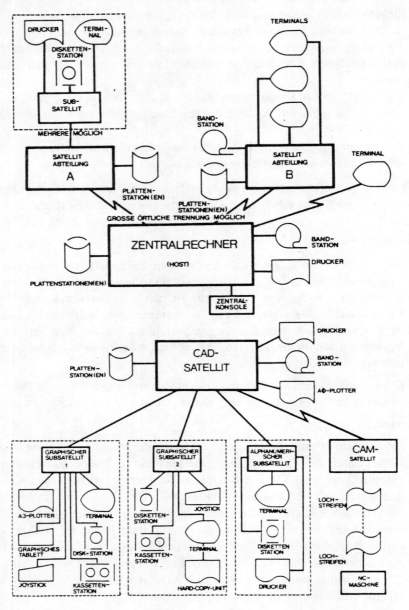

Abb. 19:   Unterschiedliche Konfigurationsmöglichkeiten[53]

---

[53] HUTTAR, E./WEISS, J./REINAUER, G. (Konstruktion), S. 13.

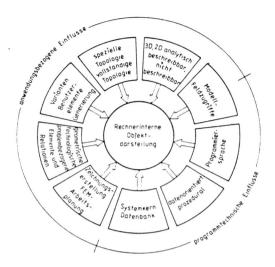

Abb. 23: Einflüsse auf die Auslegung rechnerinterner Darstellungen [58]

Auf der anderen Seite der Mensch-Maschine-Schnittstelle haben sich die CAD/CAM-Systeme hinsichtlich rechnerinterner Darstellungen und Interaktivität stark weiterentwickelt (siehe Abb. 24).

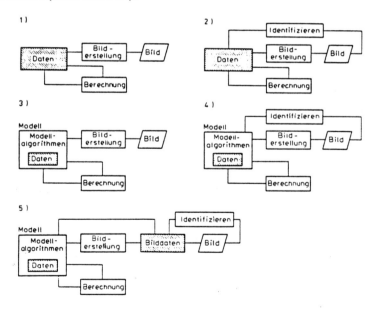

Abb. 24: Entwicklungsstufen hinsichtlich rechnerinterner Darstellungen und Interaktivität [59]

---

[58] SPUR, G./KRAUSE, F.-L. (CAD-Technik), S. 79.
[59] Vgl. KRAUSE, F.-L. (Leistungsvermögen), S. 75.

Dabei ist die Trennung von Modell und rechnerinterner Darstellung sowie von Bild und Bilddaten für die Standardisierungsmöglichkeit der Software und der Geometriedaten hervorzuheben. Das Leistungsvermögen der CAD-Software, aber auch die Komplexität der Handhabung hängt mit den Geometrieverarbeitungsmöglichkeiten zusammen. Die Entstehung der rechnerinternen Objektdarstellung kann einerseits durch manuelle oder maschinelle Eingabe, andererseits mit Entwurfs- bzw. Variantenprogrammen aufgrund von Modellalgorithmen, d.h. durch (parametrisierte) Programmanweisungen erfolgen.

Spur/Krause unterscheiden 7 Klassen der Geometrieverarbeitung (siehe Abb. 25).

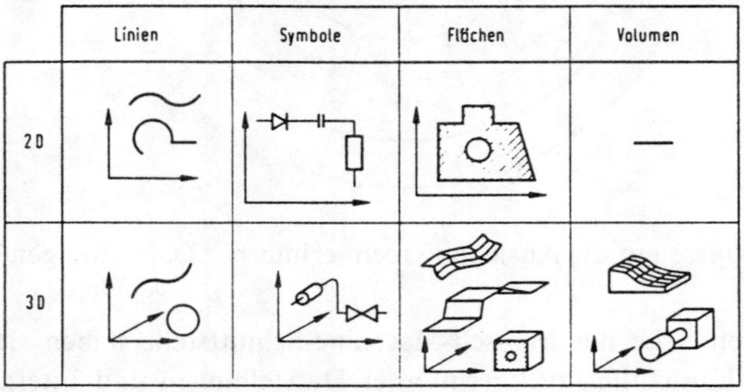

	Linien	Symbole	Flächen	Volumen
2D				
3D				

Abb. 25: Gliederung der Geometrieverarbeitungsmöglichkeiten [60]

Die Komplexität der Programme und der Manipulationsaufwand der Objekte durch den Konstrukteur ist bei dreidimensionaler (3D) Verarbeitung größer als bei zweidimensionaler (2D). Für analytisch nicht beschreibbare Geometrien ist die Verarbeitung umfangreicher als für analytisch beschreibbare Elemente, wobei erstere für die Formgebung im Flugzeug-, Automobil- und Schiffbau, jedoch auch in Maschinenbau, Architektur u.a. von Bedeutung ist, insgesamt aber der Bedarf an letzterer überwiegt.[61] Zwischen 2D und 3D liegt meist auch im Preis, in den Anforderungen an die Rechnergeschwindigkeit und im Speicherplatzbedarf eine Dimension. Obwohl die Entwicklung der CAD-Systeme in Richtung 3D zusammen mit einer immer vollständigeren Modellbeschreibung der Objekte geht, sind für viele Anwendungen 2D-Geometriedaten eventuell mit zusätzlichen Angaben (dann auch als 2½ D bezeichnet), ausreichend.[62]

Das Leistungsvermögen der Software wird neben dem bisher Genannten auch dadurch bestimmt, wie reibungslos mehrere logisch zusammenhängende Aufgaben sukzessive durch verschiedene Stellen bearbeitet werden können. Die einzelnen Softwarebausteine sollten die arbeitsteilige Erledigung von Einzeltätigkeiten im Arbeitsablauf zulassen. Wesentlichen Einfluß darauf hat die Gestaltung der Schnittstellen zwischen den einzelnen Systembausteinen bzw. zwischen verschiedenen Systemen. Wegen der Bedeutung der Standardisierung von Schnittstellen werden einzelne Punkte dazu in den folgenden Abschnitten gesondert behandelt.

---

[60] SPUR, G./KRAUSE, F.-L. (Aufbau), S. 15.
[61] Vgl. SPUR, G./KRAUSE, F.-L. (CAD-Technik), S. 81.
[62] Vgl. Abschnitt 3.2, Einsatzmöglichkeiten S. 48 ff.

3.1.2 Anwendungssoftware

Die Anwendungssoftware stellt das Herz von CAD/CAM-Systemen dar. In den meisten Fällen werden wegen des hohen Entwicklungsaufwandes eigener Programme Standardsoftwarepakete zum Einsatz gelangen. Neben dem gewünschten Leistungsumfang des Programmpaketes sind eine ganze Liste weiterer wichtiger Kriterien, die das Leistungsvermögen der Software wesentlich beeinflussen können, bei der Systemauswahl zu berücksichtigen. Die einzelnen Programmbestandteile (Abb. 20) können auf Basis unterschiedlicher Softwarearchitekturen (Abb. 21) realisiert werden.[54]

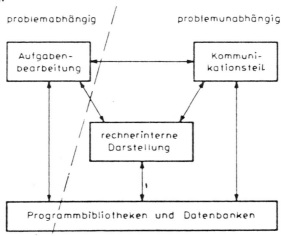

Abb. 20:   Programmbestandteile[55]

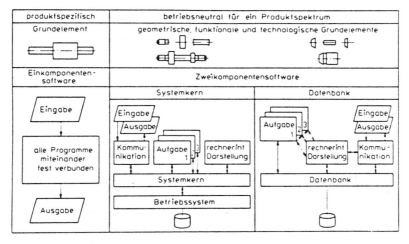

Abb. 21:   Softwarearchitekturen[56]

---

[54] Vgl. SPUR, G./KRAUSE, F.-L. (CAD-Technik), S. 21.
[55] KRAUSE, F.-L. (Methoden), S. 17.
[56] SPUR, G./KRAUSE, F.-L. (CAD-Technik), S. 21.

Die Zweikomponentensoftware ist modular, getrennt in problemunabhängige und problemabhängige Bausteine, aufgebaut. Die datenbankorientierte Vorgehensweise ermöglicht ein hohes Maß an Flexibilität und Portabilität und trägt somit wesentlich zur OFFENHEIT eines CAD/CAM-Systemes bei. Vor allem bei eher kleineren, meist branchenspezifischen Turn-Key-Systemen ist auch Einkomponentensoftware anzutreffen. Das kann für die Lösung dieser Anwendungsprobleme durchaus ein Vorteil sein. Man sollte sich jedoch darüber im klaren sein, daß dadurch Einschränkungen der Erweiterbarkeit, Flexibilität, Portabilität und Integrationsfähigkeit eintreten können. Die Wahl der Softwarearchitektur kann von Rechner, Betriebssystem und angrenzenden Arbeitsgebieten, die möglicherweise bereits auf dem Rechner laufen, stark eingeengt werden. Als zentrale Komponente eines integrierten CAD/CAM-Systemes kann die Datenbank angesehen werden (Abb. 22).

Dabei können administrative, technologie-, produkt- und programmorientierte Datenbasen, deren Inhalt und Datenstruktur vom jeweiligen CAD/CAM-System abhängen, unterschieden werden. Diese Datenbasen können über eigens dafür entwickelte Abfragesprachen, Klassifizierungssysteme, Methoden-Auswahlsysteme etc. ausgewertet werden. Damit können (allerdings nur, wenn vorher entsprechend umfassende Informationen eingegeben wurden) wichtige Funktionen wie Informieren, Bewerten und Auswählen (z.B. Normteile) unterstützt werden. Ob vom Hersteller die interne Datenstruktur offengelegt wird, ob diese Datenstruktur änderbar ist oder ob anwenderspezifische Datenfelder hinzugefügt werden können, sind weitere wichtige Kriterien für die OFFENHEIT eines CAD/CAM-Systemes. Als Teil der produktorientierten Daten ist die rechnerinterne Objektdarstellung anzusehen. Die einerseits programmtechnischen, andererseits anwendungsbezogenen Einflüsse auf die Auslegung rechnerinterner Darstellungen zeigt Abb. 23.

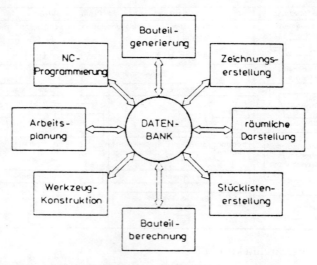

Abb. 22: Datenbank als zentrale Komponente[57]

---

[57] SPUR, G./KRAUSE, F.-L. (CAD-Technik), S. 133 nach: POHLMANN, G. (Objektdarstellungen).

3.1.3 Mensch-Maschine-Schnittstelle

Der menschlich-sozialen Komponente kommt bei der Einführung von CAD/CAM-Systemen große Bedeutung zu. An dieser Stelle sollen diese Aspekte jedoch auf die Gestaltung und Ausstattung eines CAD-Arbeitsplatzes und die Auswirkungen auf die Arbeitsweise beschränkt bleiben. Zur Ausstattung gehören alphanumerische sowie graphische Ein-/Ausgabegeräte. Abb. 26 zeigt einen möglichen Aufbau eines CAD-Arbeitsplatzes.

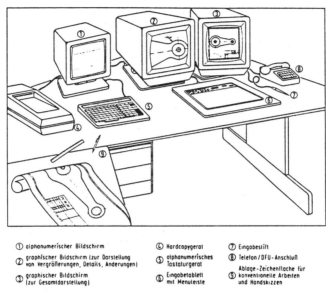

① alphanumerischer Bildschirm
② graphischer Bildschirm (zur Darstellung von Vergrößerungen, Details, Änderungen)
③ graphischer Bildschirm (zur Gesamtdarstellung)
④ Hardcopygerät
⑤ alphanumerisches Tastaturgerät
⑥ Eingabetablett mit Menüleiste
⑦ Eingabestift
⑧ Telefon/DFÜ-Anschluß
⑨ Ablage-Zeichenfläche für konventionelle Arbeiten und Handskizzen

Abb. 26: Aufbau eines CAD-Arbeitsplatzes [63]

Das neue Werkzeug wird nicht immer von allen akzeptiert. Jemand, der jahrelang mit Bleistift, Reißbrett und Rechenschieber gearbeitet hat, fühlt sich in der ungewohnten Umgebung von Bildschirmen, Tastaturen, Joystick, Tablett etc. unsicher. Er lehnt diese Geräte vielfach von vornherein ab, ohne sich mit deren Möglichkeiten vertraut zu machen. [64]

Weiters ist eine Umstellung in der Denkweise erforderlich. Es ist ein Unterschied, ob man auch gedanklich eine Zeichnung linienweise aufbaut oder ob mit Elementverknüpfungen u.a. gearbeitet wird. Einen großen Anteil an solchen Problemen können die Geräte selbst durch mangelnde Benutzerfreundlichkeit haben, da für ein und dieselbe Funktion die unterschiedlichsten Gerätetypen in den verschiedensten Preisklassen zur Verfügung stehen (siehe Abb. 27 und 28). Die billigsten Geräte sind leider meist auch die schlechteren, wodurch die Entscheidung fast immer als Kompromiß zwischen Funktionserfüllungsgrad und Preis ausfallen wird. Abgesehen von den Geräteanforderungen, die sachbezogen notwendig sind, sollte die Auswahl,

---

[63] SPUR, G./KRAUSE, F.-L. (CAD-Technik), S. 79.
[64] Vgl. REINAUER, G. (Aufbau), S. 195 f.

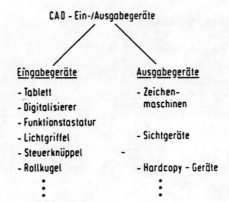

Abb. 27: Einteilung der Ein-/Ausgabegeräte [65]

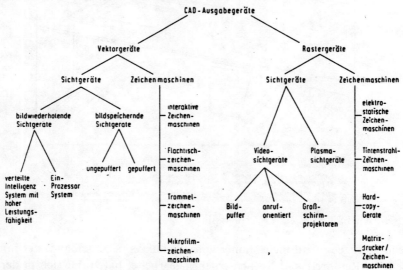

Abb. 28: Gliederung der CAD-Ausgabegeräte [66]

möglichst unter Einbeziehung der Betroffenen, auch ergonomische Gesichtspunkte berücksichtigen. Dazu gehören:

— die Bildschirmgröße,
— gute Bildauflösung,
— flimmer- und blendfreie Bildschirme,
— kurze Antwortzeiten,
— hohe Betriebssicherheit;
— bei der Eingabe eine (abschaltbare) Bedienerführung,
— Help-Funktionen (Online-Dokumentation),
— Menügestaltung sowie
— die Raumsituation (Beleuchtung, Lärm, Klimatisierung).

---

[65] SPUR, G./ KRAUSE, F.-L. (CAD-Technik), S. 95.
[66] Ebenda.

Einige der aufgezählten Kriterien sind nicht nur von den Peripheriegeräten abhängig, sondern auch von der gewählten Rechnerkonfiguration und der Software. Der CAD-Arbeitsplatz sollte möglichst in Benutzernähe sein, obwohl ein Geräte-Pool auch Vorteile, wie z.B. eine bessere Hardwareauslastung, haben kann. Billige Geräte erweisen sich mittelfristig nur dann als preisgünstig, wenn sie neben den technischen Anforderungen auch den genannten Ansprüchen genügen.

3.1.3.1 Eingabetechniken

Die Art der Kommunikation mit dem Rechner hängt unmittelbar von den möglichen Eingabetechniken ab.[67] Folgende mehr oder weniger benutzerfreundliche Möglichkeiten können unterschieden werden:

— Menütechnik
— Formulartechnik
— Kommandotechnik
— Freihandsymbolik

Bei der Menütechnik wählt der Benutzer aus einer Reihe von Möglichkeiten eine bestimmte Funktion[68] mittels Lokalisierer[69] oder spezieller Funktionstasten aus, die dann ausgeführt wird. Die Menüs können auf dem Bildschirm angezeigt oder auf einem graphischen Tablett hinterlegt sein, wobei sich letzteres mehr und mehr durchsetzen dürfte. Das Antippen der Menüfelder erspart die Eingabe von Kommandos, Teilenummern, Makronamen etc. sowie die damit verbundenen Eingabeformalismen, wodurch die jeweilige Problemstellung schneller und bequemer als mit anderen Eingabetechniken bearbeitet werden kann. Bei der Formulartechnik gibt der Benutzer zur Aktivierung gewünschter Funktionen in bestimmte Felder (teilweise vorgeschlagene) Kommandos, Daten bzw. Codes ein. Die Kommandotechnik als traditionelle Eingabeform verlangt die Eingabe der Kommandos usw. über die Tastatur. Durch Spracheingabe der Kommandos könnte in Zukunft eine gewisse Erleichterung erfolgen; allerdings sind dem Verfasser keine derartigen Anwendungsfälle bekannt. Vereinzelt wird die Eingabe mittels sog. Freihandsymbolik ermöglicht, wobei durch das freihändige Zeichnen von Symbolen bestimmte Funktionen ausgelöst werden. Die Menütechnik in Verbindung mit einem graphischen Tablett und einer der Aufgabe angepaßten möglichst großen Digitalisierungsfläche, ergänzt durch eine alphanumerische Tastatur für die Eingabe von Zahlen und Texten, dürfte für viele Anwendungsfälle die auch ergonomisch günstigste Eingabeform bei CAD-Systemen darstellen. Bei vielen Systemen sind mehrere der Eingabetechniken nebeneinander möglich und erlauben dem Anwender die Auswahl entsprechend seiner Bedürfnisse.

---

[67] Vgl. TIROCH, J. (Stand und Trends), S. 42 ff.
[68] Funktionen können Steueranweisungen, Befehle, aber auch Bauteile, Symbole, Parameter, Daten usw. sein.
[69] Lokalisierer können sein: Cursor, Fadenkreuz, Stift, Lichtgriffel, Maus usw.

3.1.3.2 Ausbildung

CAD/CAM-Systeme können langfristig nur dann effizient eingesetzt werden, wenn neben den Systemvoraussetzungen gut ausgebildete und motivierte Mitarbeiter, die das System vollständig beherrschen, vorhanden sind. Die Ausbildung wird abhängig vom vorhandenen System stufenweise erfolgen. EDV-Kenntnisse sind, vor allem bei schlüsselfertigen Systemen, nicht erforderlich. Bei größeren, also bei eigentlichen CAD/CAM-Systemen, bei denen z.B. Schnittstellen angepaßt oder eigene Berechnungen entwickelt werden müssen, wird der Aufbau von eigenem EDV-Know-how einer Vergabe externer Programmieraufträge vorzuziehen sein. Vielfach kann der Gesamtnutzen des CAD/CAM-Systems durch geringfügige Eingriffe, so man sich auskennt, stark angehoben werden. Ein Grund für den nur zögernden Einsatz von CAD/CAM-Systemen in Österreich dürfte der Mangel an entsprechend qualifizierten Fachleuten sein, für die es derzeit noch zuwenig öffentliche Ausbildungsmöglichkeiten gibt.[70] Der Rechner ist zwar ein Hochleistungswerkzeug, aber eben eine Maschine. Bezeichnungen wie „Denkmaschine", „künstliche Intelligenz" usw. haben dem Computer etwas Mystisches verliehen. Dadurch sind Barrieren errichtet worden, die nach wie vor viele vor dem Eindringen in die Datenverarbeitung abschrecken.

Im Gegensatz zu Reinauer[71] ist der Verfasser der Meinung, daß auch bei einer starken Ausdehnung einer entsprechenden universitären Ausbildung dieser Mangel nicht beseitigt werden kann.

Der Bedarf an Fachkräften mit soliden (nicht nur theoretischen) EDV-Kenntnissen wird, durch das Vordringen der Mikroelektronik, vom Verfasser weit höher eingeschätzt als Absolventen zur Verfügung stehen. Selbst wenn ausreichend viele Absolventen vorhanden wären, würden ihre Gehaltsansprüche von vielen Betrieben nicht erfüllt werden können. Nach Auffassung des Verfassers müßte eine Verbesserung der Lage durch die zusätzliche Errichtung einer praktischen Lehrausbildung für Datenverarbeitung mit Schwerpunkten, wie z.B. dem technischen Bereich, erreichbar sein. Dadurch könnte eine junge Generation von Computer-„freaks" heranwachsen, die den Betrieben als (kostengünstigere) EDV-Fachkräfte zur Verfügung stünden.

---

[70] Vgl. REINAUER, G. (Aufbau), S. 198.
[71] Vgl. ebenda.

3.1.4 Standardisierung

Unter Standardisierung kann die Vereinheitlichung technischer Konventionen im weitesten Sinne verstanden werden.[72] Als wichtige Normungsinstitutionen können genannt werden:[73]

— ISO   International Standard Organisation
— DIN   Deutsches Institut für Normung e.V.
— ANSI   American National Standard Institute
— ECMA   European Computer Manufacturing Association
— CCITT   Comité Consultatif International Téléphonique et Télégraphique

Nationale Standardisierungsbestrebungen können durch das Einbringen von Normungsvorschlägen und durch die Mitwirkung bei der Ausarbeitung wahrgenommen werden.

Das Interesse an Standardisierungen liegt vor allem auf Anwenderseite, die dadurch mehr Wahlmöglichkeiten und eine größere Sicherheit für ihre Investitionsentscheidungen vorfänden. Auch für den Markteintritt neuer Hersteller wäre eine standardisierte Systemwelt eine Erleichterung; aber vielleicht ist gerade dieser Umstand mit ausschlaggebend dafür, daß die etablierten Hersteller kein allzu großes Interesse an echter Standardisierung ihrer Produkte zeigen. Teilweise wird argumentiert, daß Standardisierung die Weiterentwicklung behindere; andererseits muß zugestanden werden, daß Neuentwicklungen den aufwendigen und langwierigen Prozeß der Konzeption und Durchführung von Normungen überholen können. Dennoch konnten durch große Anstrengungen der einzelnen Institutionen mit Unterstützung ihrer Regierungen Empfehlungen, Richtlinien und teilweise schon verbindliche offizielle Normen festgelegt werden. Auf der anderen Seite haben sich bestimmte Produkte und Verfahren von marktdominierenden Herstellern als Quasi-Standard durchgesetzt. In dieser Arbeit ist die Standardisierung im Bereich der CAD/CAM-Systeme von Interesse, wobei bei der Systemauswahl folgende Anforderungen berücksichtigt werden sollten:

— Geräteunabhängigkeit
— rechnerflexible Software
— offene Software
— offene Datenstrukturen
— genormte Datenschnittstellen

Abbildung 29 zeigt die Hauptschnittstellen eines CAD-Systems, wobei die verwendeten Abkürzungen in den folgenden Abschnitten erklärt werden.

---

[72] Vgl. NOWACKI, H. (Standardisierung), S. 107.
[73] Vgl. HANSEN, H.R. (Wirtschaftsinformatik), S. 374 ff., 412 ff., 466 ff., KEIBLINGER, O. (CAD-Systeme), S. 96 und DUUS, W./GULBINS, J. (CAD-Systeme), S. 64 ff.

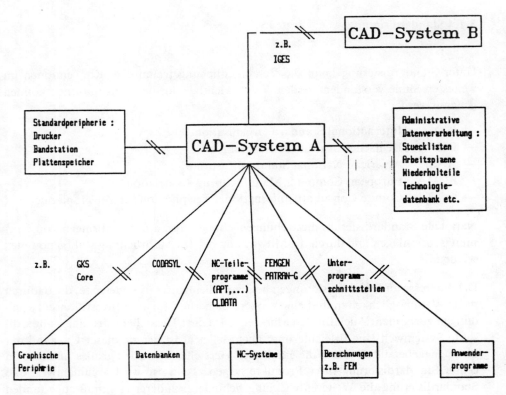

Abb. 29: Hauptschnittstellen eines CAD-Systems[74]

3.1.4.1 Geräteunabhängigkeit

Die Vielfalt an Ein-/Ausgabegeräten mit unterschiedlichen Funktions- und Leistungsmerkmalen sowie die ständigen Weiterentwicklungen dieser Geräte erfordern Einrichtungen, die eine möglichst herstellerneutrale Geräteauswahl ermöglichen, ohne direkt in die Programme eingreifen zu müssen.

Durch den harten Wettbewerb auf diesem Markt wird diese Forderung weitgehend erfüllt. Bei den meisten Systemen ist die Verwendung von Bildschirmen, Druckern, Plottern usw. mehrerer Hersteller durch die Definition von „Gerätetreibern" im System einrichtbar. Die technischen Schnittstellen sind dabei weitgehend lösbar, da sie entweder kompatibel zum Marktführer sind oder oft durch Schaltereinstellung am Gerät angepaßt werden können. Die Geräteunabhängigkeit kann durch das GKS[75] (**G**raphisches **K**ern-System) weiter verbessert werden.

Das GKS stellt ein Schichtmodell dar (siehe Abb. 30), das im wesentlichen die Trennung der Funktionen in anwendungsabhängige und -unabhängige Schichten vorsieht und am anderen Ende durch die Definition von „logischen" Arbeitsplätzen,

---

[74] FIRNIG, F. (Bedarfsanalyse), S. 43.
[75] Das GKS ist mittlerweile als ISO-Norm (7942) definiert und könnte bei der Entwicklung künftiger CAD-Systeme als Basis dienen.

die jeweils über ein Ausgabegerät und mehrere Eingabegeräte verfügen können, weitgehend geräteunabhängig arbeiten kann (siehe Abb. 31).

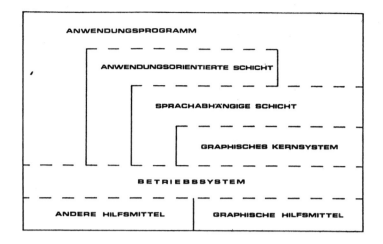

Abb. 30: Schichtenmodell des **G**raphischen **K**ern-**S**ystems (GKS)[76]

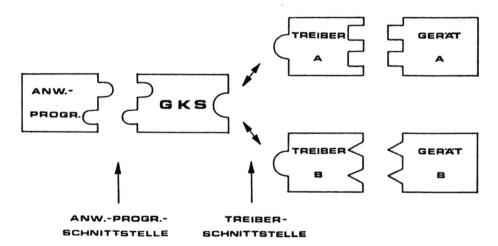

Abb. 31: Generelle Schnittstellen im GKS[77]

Die meisten der derzeit angebotenen Systeme verwenden allerdings eigene Basissysteme (Systemkerne) und nicht das Graphische Kern-System. Es bleibt abzuwarten, ob ein um 3D-Graphik erweitertes GKS von den Anbietern mit eigenem Basissystem übernommen wird.

---

[76] NOWACKI, H. (Standardisierung), S. 113.
[77] Ebenda.

3.1.4.2 Rechnerflexible Software

Gemeint ist damit die weitgehende Portabilität der CAD/CAM-Software durch Unabhängigkeit vom Rechnertyp und von einem bestimmten Betriebssystem.

Da einerseits die Einführung eines CAD/CAM-Systemes meist den Beginn einer möglichst langfristigen Nutzung des Systems darstellen wird, andererseits die Entwicklung auf der Rechnerseite einen Herstellerwechsel in der Zukunft vielleicht einmal sinnvoll erscheinen läßt, sollten diese Aspekte bei der Systemauswahl in die Bewertung miteinfließen.

Der Portabilität können sich im wesentlichen 3 Hindernisse in den Weg stellen:

— Probleme der Programmiersprache
— Inkompatible Betriebssysteme
— Unterschiede im CAD/CAM-Systemkern.

Bei der Programmiersprache kommt es darauf an, daß sie auf potentiellen Alternativrechnern auf dem gleichen Sprach-level verfügbar ist. Als Standardprogrammiersprache hat sich dabei FORTRAN[78] erwiesen. Viele der angebotenen Programme wurden und werden noch immer in FORTRAN geschrieben; dies, obwohl die strenge Standardisierung der Sprache ab dem level FORTRAN IV durch herstellerspezifische Erweiterungen nicht mehr gegeben ist. Obwohl auf FORTRAN-77-Basis einiges verbessert wurde, stellt das Fehlen von modernen Programmstrukturierungen und von komplexeren Datenstrukturen einen nicht unwichtigen Nachteil von FORTRAN dar. Neben FORTRAN werden noch (herstellerspezifische) ASSEMBLER, BASIC, PASCAL u.a. verwendet, wobei diese Sprachen nicht ohne größeren Umstellungsaufwand (wenn überhaupt) auf Rechner anderer Hersteller passen. Für die Zukunft kündigt sich die relativ neue, vielversprechende Sprache „C" als möglicher neuer Standard an. Sie ist auf Rechnern verschiedener Hersteller mit UNIX- oder UNIX-ähnlichen Betriebssystemen verfügbar. Das Betriebssystem UNIX selbst wird ebenfalls als mögliches Standardbetriebssystem der Zukunft für die rasant wachsende Gruppe der mehrplatzfähigen 32-Bit-Mikros eingeschätzt.[79]

Im allgemeinen sind aber die Unterschiede in den Betriebssystemen gleicher und unterschiedlicher Hersteller derart gravierend, daß hier auf lange Zeit hinaus keine Standardisierung zu erwarten ist.[80] Von den Anbietern rechnerflexibler Software werden diese Unterschiede meist im Systemkern[81] ausgeglichen, womit beim Umstieg auf einen anderen Rechner nur dieses Basissystem ausgetauscht werden muß. Sehr nachteilig und mit hohem Umschulungsaufwand verbunden ist auch die Tatsache, daß die einzelnen Systemsteuerbefehle und deren Syntax selbst bei Betriebssystemen des gleichen Herstellers gänzlich verschieden sein können.

---

[78] Der Name FORTRAN ist eine Zusammensetzung aus den Wörtern **For**mula **Tran**slation und bezeichnet eine problemorientierte Programmiersprache für die Bearbeitung vor allem technisch-wissenschaftlicher Problemstellungen.
[79] Vgl. o.V. (UNIX), S. 22 ff.
[80] Vgl. DUUS, W./GULBINS, J. (CAD-Systeme), S. 66 f.
[81] Als Systemkern könnte in Zukunft GKS verstärkt Verwendung finden.

3.1.4.3 Offene Software

Bedeutet die Möglichkeit, Programmerweiterungen vornehmen oder eigene Programmentwicklungen in die Standardsoftware einbinden zu können, ohne aufwendige Programmänderungen bzw. Übersetzungsläufe durchführen zu müssen. Dazu sollten Softwareschnittstellen standardmäßig vorgesehen sein, die nach Bedarf den Einbau anwendungsspezifischer Programmteile ermöglichen. Eine andere Möglichkeit stellt ein modularer Aufbau der Software[82] und ein durch Funktionsauswahl frei wählbarer Programmablauf dar, wobei eigene Funktionen mit den dazugehörenden Programmen hinzugefügt werden können. Viele Anbieter stellen dazu zumindest eine FORTRAN-Schnittstelle zur Verfügung, einige bieten eigene graphische Programmiersprachen bzw. sog. Makrosprachen mit allerdings sehr unterschiedlichem Leistungsumfang dafür an.

3.1.4.4 Offene Datenstrukturen

Die Offenlegung der Datenstrukturen kann eine Festforderung bei der Systemauswahl sein, um den Einbau von benutzerspezifischen Datenfeldern sowie die Weiterverwendung und den Austausch der Daten, bei Wahrung größtmöglicher Datenunabhängigkeit, zu ermöglichen.

Unter Datenunabhängigkeit kann verstanden werden, daß Programme unverändert weiter funktionieren, obwohl im Hintergrund Datenstrukturen, Dateiorganisationsformen oder Speichermedien geändert wurden. Um diese Forderung zu erfüllen, erarbeitete die **Conference on Data System Language** (CODASYL), ein Zusammenschluß amerikanischer Rechnerhersteller und -anwender, im Rahmen der **Data Base Task Group** (DBTG) seit 1965 ein Datenbankkonzept für hierarchische und netzwerkartige Strukturen, das eine Datendefinitionssprache (DDL) zur Beschreibung des Datenmodells und eine Schnittstelle für den Zugang zur Datenbank durch Anwendungsprogramme mit Hilfe einer Datenmanipulationssprache (DML) enthält.[83] Spur/Krause kritisieren an diesem Konzept die unscharfe Trennung von Informations-, Daten- und Speicherungsmodell sowie, daß die Zugriffspfade nicht im Speicherungsmodell, sondern im Datenmodell definiert werden müssen.[84] Auf Basis dieses Konzeptes sind in den vergangenen Jahren von verschiedenen Anbietern Datenbanksysteme entwickelt worden. Zur Zeit gibt es über 100 verschiedene Datenbanksysteme. Tabelle 3 zeigt eine kleine Auswahl auf dem Markt erfolgreicher Systeme, wobei aber auf die Einschränkung auf Rechner bestimmter Hersteller und somit auf mangelnde Portabilität hingewiesen wird.

Als Beispiel eines nach dem CODASYL-Netzwerkkonzept realisierten Datenbanksystems im CAD-Bereich wird die Datenbankstruktur eines geometrischen Modells bei PHIDAS gezeigt (siehe Abb. 32). PHIDAS wurde von Philips entwickelt und weist wegen der Verwendung von FORTRAN IV weitgehende Standardisierung und damit Portabilität auf.

---

[82] Vgl. Softwarearchitekturen, S. 33.
[83] Vgl. HANSEN, H.R. (Wirtschaftsinformatik), S. 374 ff.
[84] Vgl. SPUR, G./KRAUSE, F.-L. (CAD-Technik), S. 125.

NAME	HERSTELLER	JAHR	ART	RECHNER
ADABAS	Software AG	1971	binär, invertiert	IBM, Siemens
CDMS 500	Digital Equipment	1974	hierarchisch	DEC
DBMS 1900	ICL	1974	index-sequentiell	ICL
GIS	IBM	1966	Abfrage	IBM
IDMS	Cullinane	1972	DBTG	IBM, Siemens, ICL, Univac, DEC
IDS	Honeywell	1972	DBTG	Honeywell
IMS	IBM	1968	hierarchisch	IBM
SESAM	Siemens	1973	Abfrage	Siemens
STAIRS	IBM	1972	Abfrage	IBM
SYSTEM 2000	MRI-SYSTEMS	1970	DBTG	IBM, Univac, CDC
SQL/DS	IBM	1982	relational	IBM

Tab. 3: Erfolgreiche Datenbanksysteme[85]

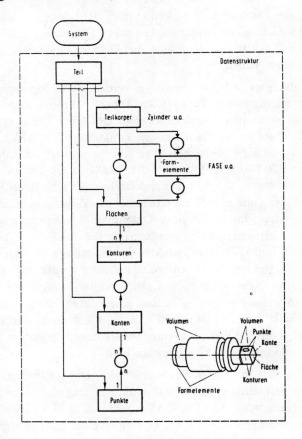

Abb. 32: Datenstruktur eines geometrischen Modells bei PHIDAS[86]

---

[85] HANSEN, H.R. (Wirtschaftsinformatik), S. 375.
[86] SPUR, G./KRAUSE, F.-L. (CAD-Technik), S. 138, nach: FISCHER, W.E. (PHIDAS), o.S.

3.1.4.5 Genormte Datenschnittstellen

Die Kommunikation von Informationssystemen erfolgt durch den Austausch von Daten. Genormte Datenschnittstellen und Datenstrukturen ermöglichen diesen Datenaustausch, ohne aufwendige Konvertierungen vornehmen zu müssen.

CAD- und CAM-Systeme werden erst durch die Realisierung und Nutzung dieser Schnittstellen zu CAD/CAM-Systemen. Dabei ist unerheblich, ob die CAM-Programme Bestandteil des CAD-Softwarepaketes sind oder nicht. Von CAD/CAM-Integration kann nur gesprochen werden, wenn keinerlei Datenumsetzung erforderlich ist.

Eine Systemkopplung liegt vor, wenn die Daten des einen Systems in das Datenformat des anderen Systems übersetzt und von diesem verarbeitet werden können.

Für den Austausch von Geometriedaten zwischen verschiedenen CAD-Systemen bietet sich als systemneutrale Schnittstelle die in den USA entwickelte IGES-Definition[87] an. IGES wird stufenweise von allen führenden Systemanbietern integriert, wobei berücksichtigt werden muß, daß der Standard noch nicht voll den Anforderungen entspricht.[88]

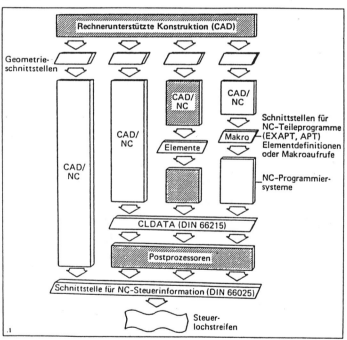

Abb. 33: Mögliche Stufen der CAD/NC-Kopplung[89]

---

[87] IGES (Initial Graphics Exchange Specification) stellt einen ANSI-Standard (Y 12.26 M) dar, mit dem das Datenformat von Geometrie-, Zeichnungs- und Strukturelementen festgelegt wird. Vgl. ANDERL, R. (Konzepte), S. 228.
[88] Vgl. SPUR, G./KRAUSE, F.-L. (CAD-Technik), S. 363.
[89] Vgl. HELLWIG, H.E. (Kopplung), S. 107.

Der Austausch von Geometriedaten eines CAD-Systems mit einem anderen CAD-System kann aus vielfältigen Gründen notwendig sein. Einmal, falls mehrere selbständige CAD-Systeme im Unternehmen vorhanden sind; weiters, wenn z.B. eine Zulieferfirma vom Auftraggeber die Geometrie der Teile oder Produkte übernehmen soll (Beispiel: Autoindustrie) und nicht zuletzt, wenn auf dem Markt angebotene Symbolbibliotheken oder Normteilkataloge in das System übernommen werden sollen. Die CAD/NC-Kopplung kann in mehreren Stufen erfolgen (siehe Abb. 33). Entsprechend unterschiedlich sind die inhaltlichen Anforderungen an die jeweiligen Schnittstellen. International gültige Schnittstellen, die allerdings erst auf sehr NC-naher Stufe einsetzen, sind nach DIN 406, DIN 66215 (CLDATA: **C**utter **L**ocation **Data**) und DIN 66025 genormt.[90]

Standardisierte Schnittstellen für die Aufbereitung und Übergabe von Geometrie- und Technologiedaten sind kaum vorhanden. Die Konvertierung wird von den verschiedensten CAD/NC-Prozessoren (das sind Konvertierungsprogramme, die als Pre- bzw. Postprozessoren bezeichnet werden) vorgenommen, wobei die Auswahl von der NC-Programmiersprache (z.B. COMPACT II, APT und eine Vielzahl daraus abgeleiteter Sprachen) und von der NC-Programmiermethode abhängig ist.[91] Ansätze zur Standardisierung, die zusätzlich Erweiterungen für die Übertragung von Volumenmodellen, semantischen Inhalten, topologischen und anwendungsspezifischen Informationen beinhalten, sind vorhanden und teilweise bereits abgeschlossen (z.B. die Flächenschnittstelle des Verbandes der deutschen Automobilindustrie: VDA-FS als DIN-Normentwurf 66301).[92]

Für die Verbindung von CAD-Systemen mit Berechnungsprogrammen gibt es viele systemspezifische Kopplungsbausteine.[93] Es sind, einerseits durch die unterschiedlichen CAD-Datenstrukturen, andererseits durch die problem- und programmspezifischen Anforderungen an die (meist umfangreichen) Eingabedaten dieser Berechnungsprogramme, keine programmunabhängigen Standardschnittstellen vorhanden bzw. in nächster Zukunft zu erwarten.

Das Fehlen von allgemeingültigen Schnittstellen, nicht zuletzt auch zur administrativen EDV (für Stücklisten, Arbeitspläne usw.), kann als das größte Hindernis einer erfolgreichen CAD/CAM-Integration angesehen werden.[94]

3.2 Die Einsatzmöglichkeiten von CAD/CAM

Die Einsatzmöglichkeiten[95] von CAD/CAM sind in funktioneller Hinsicht von zwei Kriteriengruppen abhängig:

---

[90] Vgl. HELLWIG, H.E. (Kopplung), S. 107.
[91] Vgl. Abschnitt 3.2.5; CAD/CAM-Kopplungen, S. 75 ff.
[92] Vgl. ANDERL, R. (Konzepte), S. 231 f.
[93] Vgl. Abschnitt 3.2.4, Berechnungen (FEM), S. 71 ff.
[94] Vgl. HELLWIG, H.E. (Kopplung), S. 105 f.
[95] Die Einsatzmöglichkeiten von CAD/CAM-Systemen werden in 5 Stufen gegliedert, die durch die Würfelseiten „eins" bis „fünf" symbolisiert werden sollen. Die fehlende Seite „sechs" soll die zu erwartende Weiterentwicklung dieser Systeme andeuten.

— von den betroffenen Technologien
  (Produktkomplexität)
— vom Funktionsumfang (Ausbaustufe)
  des CAD/CAM-Systems

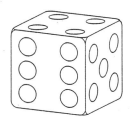

Vom Unternehmenstyp und hier besonders von der Produktstruktur und Produktart hängt es ab, welche Technologien im Zuge der Entwicklung und Konstruktion betroffen sind. Reichl[96] teilt diese Technologien (Fachgebiete) in folgende 5 Gruppen:

— Mechanik
— Elektrik und Elektronik
— Hydraulik
— Rohrleitungen
— Schemata

Anschließend unterscheidet er vier Gruppen von Produkten, die nach ihrem Aufbau wie folgt definiert werden:

— Planung: (keine physischen Produkte, meist abstrakte Darstellungen)
  zum Beispiel:
  Ablaufpläne, Flußpläne, Bauzeitpläne, Netzpläne, Layout usw.

— Produkte geringer Komplexität: (wenige Teile, nur eine Technologie)
  zum Beispiel:
  Mechanik: Zahnräder, Kolben, Plastikteile, Möbel usw.
  Elektrik: einfachere Schaltpläne
  Hydraulik: Flußpläne usw.

— Komplexe Produkte: (viele Teile, nur eine Technologie)
  zum Beispiel:
  Mechanik: Getriebe, Verbrennungsmotoren, Bauwerke;
  Elektronik: Entwicklung von Mikroprozessoren, Leiterplatten usw.

— Hochkomplexe[97] Produkte: (viele Teile, mehrere Technologien)
  Beispiele:
  Elektromotoren, Haushaltsgeräte (Mechanik und Elektrik): Werkzeugmaschinen, Kräne, Maschinen (Mechanik, Elektrik/Elektronik, Hydraulik, Rohrleitungen);
  Anlagen, Installationen (Mechanik, Rohrleitungen) usw.

---

[96] Vgl. REICHL, M. (Grobanalyse), S. 101 f.
[97] REICHL bezeichnet auch diese Gruppe als „komplexe Produkte". Zur besseren Differenzierung der Produktarten wurde dies vom Verfasser geändert. Vgl. REICHL, M. (Grobanalyse), S. 102.

Diese Strukturen werden bei technisch orientierten Fertigungsunternehmen, technischen Planungsbüros, aber auch in Unternehmen, die solche Produkte (z.B. Anlagen, Gebäude) in Betrieb haben bzw. verwalten, also in den verschiedensten Wirtschaftszweigen anzutreffen sein. Aus diesem Grund gibt der Verfasser die sonst in der Literatur anzutreffende Einteilung der CAD/CAM-Systeme nach Wirtschaftszweigen auf und unternimmt den Versuch einer eigenen Gliederung, die einerseits den „Technologien" Reichls folgen, andererseits eine Abstufung nach dem Funktionsumfang der CAD/CAM-Systeme vornehmen soll. Der Funktionsumfang soll neben den „Technologien" die zweite Kriteriengruppe bei der funktionsbezogenen Beurteilung der Einsatzmöglichkeiten von CAD/CAM-Systemen darstellen. Viele Anbieter bezeichnen ihre Programme als CAD-, CAD/CAM-, CAE- oder gar als CIM-Systeme, ohne näher auf den Funktionsumfang oder auf Ausbaumöglichkeiten hinzuweisen und erschweren damit potentiellen Anwendern, zumindest in der ersten Auswahlphase, unnötig den Marktüberblick. Um die auch empirisch vorgefundene[98], stufenweise Einführung von CAD/CAM-Systemen zu berücksichtigen, werden die Systeme in fünf Ausbaustufen unterteilt (siehe Abb. 34). Einen weiteren Grund für die gewählte Gliederung stellen die allgemeinen Systemmerkmale dar, die auf jeder Ausbaustufe unterschiedlich ausgeprägt sein können.

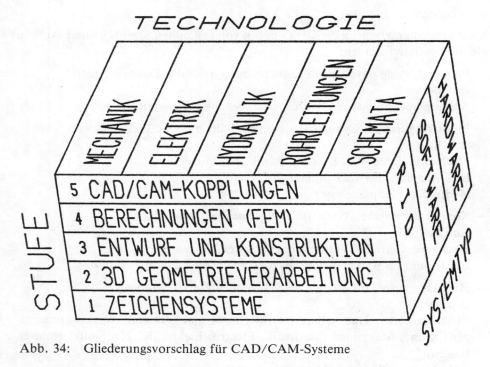

Abb. 34: Gliederungsvorschlag für CAD/CAM-Systeme

Trotz Unterteilung werden auf jeder Stufe noch immer viele universell oder technologiespezifisch einsetzbare Programmpakete angeboten. Wesentlich scheint dabei,

---

[98] Vgl. Abschnitt 4, S. 86 ff.

welche Stufen vom jeweiligen System abgedeckt werden, ob ein stufenweiser Einstieg möglich ist und wie die Schnittstellen im Falle einer Systemerweiterung gestaltet werden können.

Zur Nutzung des Rechners ist die Aufbereitung und Eingabe von Informationen Grundvoraussetzung. Im Bereich der CAD/CAM-Systeme werden diese Informationen durch die Umsetzung realer Objekte in eine rechnerinterne (formale) Darstellung gewonnen (siehe Abb. 35).

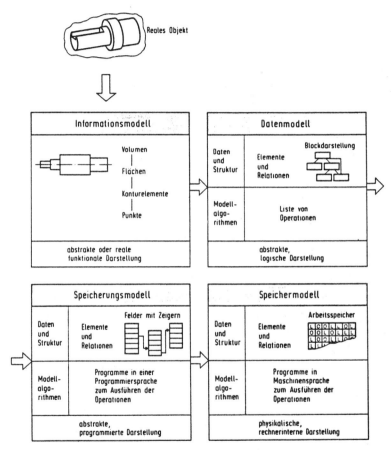

Abb. 35: Umsetzung realer Objekte in eine rechnerinterne Darstellung[99]

Auf jeder Ausbaustufe der CAD/CAM-Systeme nimmt der Informationsumfang und damit die Vollständigkeit der rechnerinternen Beschreibung realer Objekte zu. Die Einsatzmöglichkeiten von CAD/CAM-Systemen vergrößern sich mit wachsendem Informationsangebot. Auch die Entwicklung der CAD/CAM-Systeme selbst geht von der Unterstützung einzelner Teilaufgaben in die Richtung integrierter Informationssysteme zur Bearbeitung und Steuerung immer komplexerer Aufgaben

---

[99] SPUR, G./KRAUSE, F.-L. (CAD-Technik), S. 116.

im gesamten Konstruktions- und Fertigungsprozeß.[100] Bei der Beurteilung der Einsatzmöglichkeiten sollten diese Entwicklungstendenzen nicht unberücksichtigt bleiben. Abbildung 36 gibt ein Beispiel für Tätigkeiten, die zur Herstellung von Fertigungsunterlagen erforderlich sind und durch die Entwicklung der CAD/CAM-Systeme in immer größerem Ausmaß rechnerunterstützt und somit meistens genauer und schneller erledigt werden können.

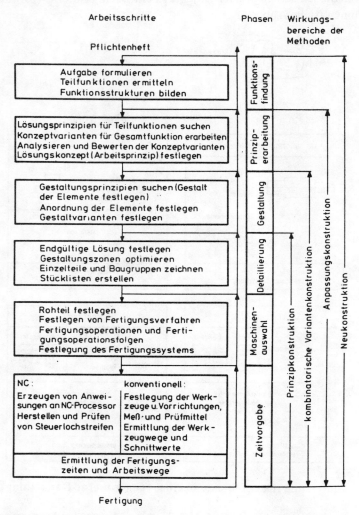

Abb. 36: Tätigkeiten zur Herstellung von Fertigungsunterlagen[101]

Auf der anderen Seite nehmen je Ausbaustufe die finanziellen, technischen, organisatorischen und nicht zuletzt die personellen Erfordernisse zu. In den folgenden Teilabschnitten sollen nun die einzelnen Ausbaustufen mit ihren Möglichkeiten dargestellt werden.

---

[100] Vgl. HATVANY, J. (Stand), S. 20 f.
[101] KRAUSE, F.-L. (Methoden), S. 5.

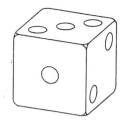

3.2.1 Zeichensysteme

Die Zeichnungserstellung ist der am häufigsten genutzte Aufgabenbereich beim Einsatz von CAD-Systemen.[102] Zeichnungen gehören zu den wichtigsten Informationsträgern im technischen Bereich und werden für verschiedenste Verwendungszwecke mit unterschiedlichsten Inhalten angefertigt.[103] Die konventionelle Zeichnungserstellung ist besonders dann unrationell, wenn wiederholt die gleichen oder ähnliche Objekte gezeichnet werden. Deshalb wurden schon frühzeitig Methoden entwickelt, um den Zeichenaufwand zu reduzieren (Schablonen, Klebefolien, Kopiertechniken usw.). Dennoch waren Kompromisse zwischen Verwendungszweck und Informationsbedarf notwendig, um die Zeichnungsvielfalt zu begrenzen.[104] Zeichensysteme müssen zumindest diese Zeichnungen wieder erstellen können, bieten aber abhängig vom Systemtyp eine Reihe zusätzlicher Vorteile.

Bei den Zeichensystemen kann zwischen „nur" Zeichensystem und „auch" Zeichensystem unterschieden werden. Unter „nur" Zeichensystemen können jene verstanden werden, die die eingegebenen Zeichnungsdaten mehr oder weniger leicht verändern, speichern und bei Bedarf auf Zeichenmaschinen ausplotten können. Unter „auch" Zeichensystemen versteht der Verfasser CAD- oder CAD/CAM-Systeme mit echten „Design"-Funktionen und der Weiterverwendbarkeit der Daten eben „auch" für die Erstellung verschiedenster Zeichnungen.

Beide Systemarten benötigen die auf den Zeichnungen erforderlichen Inhalte und unterscheiden sich insofern nur durch zusätzliche Entstehungsmöglichkeiten der Geometriedaten, die bei „auch" Zeichensystemen durch 2D-Abbildungen von 3D-Gebilden (Ausbaustufe 2), durch Programme für Entwurf und (Varianten-)Konstruktion (Ausbaustufe 3) oder durch die graphische Darstellung von Berechnungs- bzw. Simulationsergebnissen (Ausbaustufen 4 und 5) generiert werden können.

Auf diese Möglichkeiten wird in den jeweiligen Abschnitten hingewiesen; an dieser Stelle soll vor allem die graphische Eingabe und Manipulation zweidimensionaler Gebilde, der für Zeichensysteme typischen Entstehungsform der Zeichnungsdaten, behandelt werden. Stand der Technik ist dabei die interaktive Eingabe mit Hilfe der in Abschnitt 3.1.3.1 beschriebenen Eingabetechniken. Bei den Zeichensystemen kann zwischen universellen und anwendungsspezifischen Programmen, z.B. für die Erstellung elektrischer Schaltpläne oder für technische Zeichnungen im Mechanikbereich, unterschieden werden. Obwohl viele Systeme auf den ersten Blick den glei-

---

[102] Vgl. Abschnitt 4, S. 102 f.
[103] Vgl. PAHL, G./BEITZ, W. (Konstruktionslehre), S. 403 ff.
RODENACKER, W.G. (Konstruieren), S. 218 f.
[104] Vgl. SPUR, G./KRAUSE, F.-L. (CAD-Technik), S. 258.

chen Leistungsumfang versprechen, können sich im praktischen Einsatz teilweise beträchtliche Unterschiede herausstellen. Im folgenden sollen deshalb Kriterien[105], die Leistungsfähigkeit bestimmen bzw. beeinflussen können, aufgezählt werden.

Bevor noch die erste Eingabe erfolgt, sollte die Gestaltung der Menüfelder (veränderbare Menüs können die Arbeitsweise stark beschleunigen), die Organisation der Zeichnung (Zeichnungsnummern, Zeichnungsbausteine, Bildsymbole usw.), der Zeichnungsinhalte (Zeichnungsebenen, Schriftbilder, Einteilung der Zeichnungsfläche, Bemaßungs- und Beschriftungsregeln usw.) und nicht zuletzt die Verwaltung und Archivierung der Zeichnungen und Zeichnungsveränderungen überlegt werden. Da Zeichnungen sehr viel Speicherplatz benötigen, externer Speicherplatz (nicht nur bei kleineren Systemen) schnell knapp wird, sollte dem letzten Punkt besondere Bedeutung beigemessen werden. Entscheidend für das eine oder andere System kann auch die Verfügbarkeit passender Symbolbibliotheken bzw. Normteilkataloge auf dem Markt und die Möglichkeit, diese Bibliotheken individuell erweitern zu können, sein.

Die Eingabe zweidimensionaler Gebilde erfolgt meist zeichnungsorientiert, wobei folgende Elemente und Funktionen zur Verfügung stehen können:

— Als Geometrieelemente kommen Punkt, Gerade, Kreis, Kreisbogen, ebene Flächen, Texte usw. zur Anwendung
— Viele Systeme ermöglichen Kegelschnitte (Ellipse, Parabel, Hyperbel), beliebig gekrümmte Kurven, ebene Flächen mit beliebiger Berandung
— die Möglichkeit zur Zusammenfassung mehrerer Elemente zu Gruppen, die gemeinsam manipuliert werden können
— Geometrische Funktionen wie automatische Verrundung, Fasengenerierung
— Vereinigung, Differenz und Durchschnitt von Flächen zur Bildung komplexer Elemente
— Hilfsfunktionen für Translation, Rotation, Spiegelung, Duplizieren, Ein-Ausblenden (von Elementen)
— Ein-Ausschalten von Zeichnungsebenen, Punktrastern und Liniengittern
— verschiedene Linienarten, -stärken, Farben, Schraffurarten
— Rechenhilfen, Rechenfunktionen (Abstände, Winkel, Flächen usw.)
— im Mechanikbereich die halbautomatische oder automatische Bemaßung in verschiedenen Zeichnungsmaßstäben, deren Normgerechtigkeit usw.
— für schematische Darstellungen der Elementvorrat zur Symbolbeschreibung, Symboltexte, Verbindungsknoten, Verbindungslinien, Plazierung von Symbolen und Texten usw.

Diese (unvollständige) Aufzählung von Leistungskriterien soll andeuten, daß zur Beurteilung der einzelnen Systeme viel Zeit und Geduld für gründliche Systemtests an Hand konkreter Zeichnungsbeispiele erforderlich ist. Ob der Einsatz eines „nur" Zeichensystems wirtschaftlich gestaltet werden kann, hängt zunehmend von den

---

[105] Vgl. REINAUER, G. (Aufbau), S. 90 ff., SPUR, G./KRAUSE, F.-L. (CAD-Technik), S. 646 ff., ABELN, O. (Probleme), S. 378 ff.

Preisen für die graphische Peripherie (Graphikbildschirm, Plotter) ab, die durch immer preiswertere Angebote bei Rechnern und Zeichenprogrammen in einigen Fällen bereits mehr als 50% vom Gesamtpreis des Systems ausmachen.

Z.B.: Personalcomputer incl. Standardperipherie	öS 100.000,—
Zeichenprogramm	öS 50.000,—
DIN-A0-Plotter	öS 150.000,—

Das Beispiel soll keine absoluten Preise, sondern nur Größenordnungen (low-cost-System) aufzeigen.

Dennoch sollte, besonders auch bei der Zeichnungsausgabe, nicht am falschen Platz gespart werden; denn das Plotten von Zeichnungen kann unter Umständen verschiedene Probleme bereiten.[106] Bei Kleinrechnern ohne Möglichkeit, die Ausgabe im Hintergrund ablaufen zu lassen, kann der Rechner während des Zeichenvorganges nicht für andere Tätigkeiten verwendet werden. Abhängig vom Umfang der Zeichnungen und der Plottgeschwindigkeit kann dadurch eine unzumutbare Behinderung der Arbeiten eintreten.

Ein Ausweichen auf den Abend oder die Nacht ist nur möglich, wenn das Zeichengerät ohne Bedienung (Zeichenpapier, Tusche) bzw. ohne visuelle Kontrolle (verstopfte Zeichenstiftspitzen etc.) alleine arbeiten kann. Bei Mehrplatzsystemen ist die Einrichtung einer „Spool-Datei", aus der die einzelnen Zeichnungen hintereinander geplottet werden können, vorteilhaft. Einige Systeme verfügen über die Möglichkeit, Zeichnungen zu „schachteln", d.h. mehrere kleinere Zeichnungen so auf der Ausgabefläche zu plazieren, daß viel teures Zeichenpapier gespart werden kann. Dennoch kann, speziell auf kleineren Rechnern, die Zeichnungsausgabe das System so sehr belasten, daß die Antwortzeiten bei gleichzeitig durchzuführenden Bildschirmarbeiten stark beeinträchtigt werden.

Nach der Aufzählung einiger Kriterien und Probleme sollen nun Vorteile von Zeichensystemen aufgezählt werden und einige Zeichnungsbeispiele durch Abbildungen dargestellt werden.

Die Ersterstellung einer Zeichnung, wenn keinerlei Teile oder Symbole im System zur Verfügung stehen, kann genauso lang oder sogar länger dauern als die konventionelle Zeichnungserstellung. Ist eine Zeichnung bereits im System gespeichert, kann sie jederzeit schnell wieder ausgeplottet werden. Sie kann z.B. in der Entwurfsphase leicht geändert werden; die Zeichnung oder Teile daraus können als Grundlage weiterer Zeichnungen (z.B. von Varianten) verwendet werden. Der Zeichnungsmaßstab kann bei den meisten Systemen geändert werden (Vergrößerungen, Verkleinerungen). Bei Verwendung der Ebenentechnik (Layers) kann der Zeichnungsinhalt auf den Informationsbedarf des Empfängers abgestimmt werden. Gemeinsam mit der meist besseren Zeichnungsqualität können in Folgebereichen (z.B. Fertigung, Montage) zeichnungsbedingte Fehler reduziert werden. Anwendungsbeispiele wären aus den verschiedensten Wirtschaftszweigen möglich, sollen hier jedoch auf die Darstellung eines Stromlaufplanes, einer Gebäudeansicht, einem Beispiel aus der Haustechnik und dem Mechanikbereich beschränkt bleiben.

---

[106] Vgl. MICULKA, P. (Plänezeichnen), S. 416.

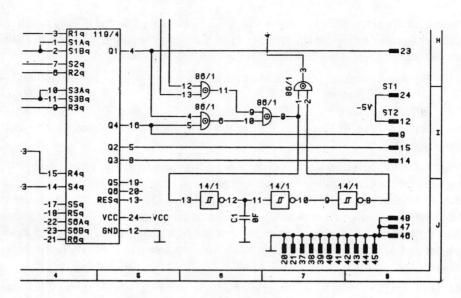

Abb. 37: Stromlaufplan erstellt mit AUTOPLAN[107]

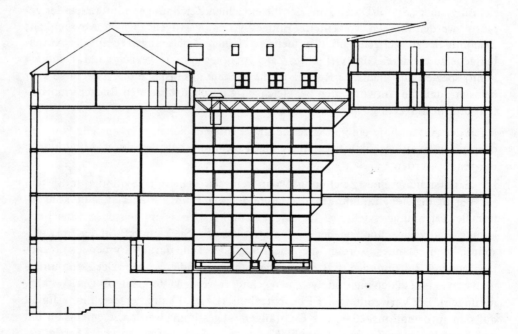

Abb. 38: Gebäudeansicht erstellt mit „Personal Architect"[108]

---

[107] Nomina Informations Services (ISIS), S. 3014.
[108] o.V. (Personal Architect), o.S.

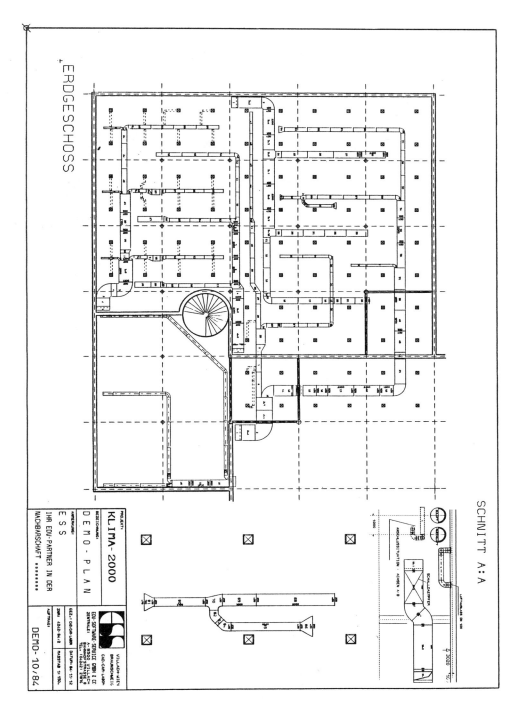

Abb. 39: Kanalnetz erstellt mit KLIMA-2000[109]

---

[109] o.V. (KLIMA-2000), o.S.

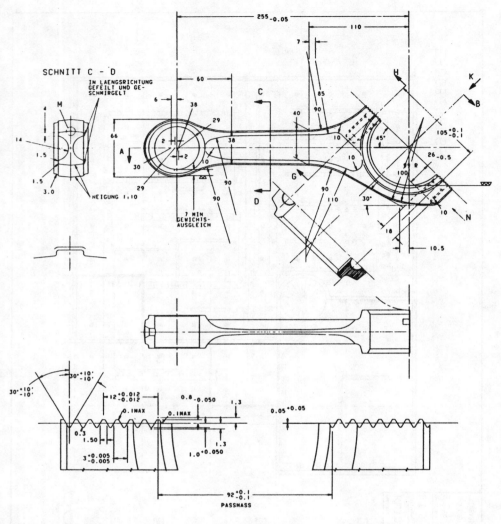

Abb. 40: Maschinenteil erstellt mit CADAM[110]

Abbildung 40 läßt erahnen, welche zusätzlichen Darstellungen mit nicht „nur" Zeichensystemen möglich werden. Durch die meist auch zeichnungsorientierte Speicherung der Daten bei „nur" Zeichensystemen kann eine Weiterverwendung der Informationen für andere Zwecke erschwert oder verhindert werden. Gerade aber die weitere Verwertung der Daten stellt in vielen Fällen erst das eigentliche Nutzenpotential von CAD/CAM-Systemen dar[111], obgleich häufig auch die „nur" Zeichensysteme wirtschaftlich betrieben werden können.

---

[110] Nomina Information Services (ISIS), S. 3028.
[111] Vgl. REINAUER, G. (Variantenkonstruktion), S. 208 ff.

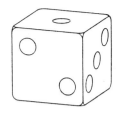

3.2.2 3D-Geometrieverarbeitung

Die überwiegende Anzahl der Aufgaben in Entwicklung, Konstruktion und Fertigung ist nur unter Einbeziehung der Gestalt der betrachteten Objekte zu lösen. Informationen über die Geometrie der Objekte sind für graphische Darstellungen, Berechnungen, Bewegungsabläufe usw. sowie im Arbeitsplanungs- und Fertigungsprozeß notwendig. Durch den hohen Arbeitsaufwand für die Erstellung graphischer Darstellungen beschränkte man sich vielfach auf mehr oder weniger detaillierte Entwurfs- und Werkstattzeichnungen. Um diese Zeichnungen rechnerunterstützt zu erstellen, aber auch zum Zeichnen von Schemadarstellungen (Schaltpläne, Fließpläne) sind 2D-Zeichensysteme ausreichend. Unter 3D-Geometrieverarbeitung — auch „geometrisches Modellieren" genannt — kann hingegen eine immer vollständigere Modellbeschreibung verstanden werden, die neben der 3D-Geometrie auch technologische, funktionelle und administrative Informationen und deren Zusammenhänge umfaßt und damit zum integrativen Bestandteil des Konstruktions- und Fertigungsprozesses wird (siehe Abb. 41).

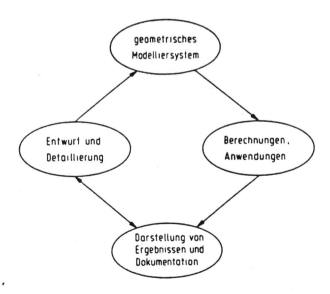

Abb. 41: Geometrisches Modellieren innerhalb des Konstruktionsprozesses [112]

---
[112] SPUR, G./KRAUSE, F.-L. (CAD-Technik), S. 215.

Bei 3D-Modellen können 3 Konzepte verschiedener Leistungsfähigkeit unterschieden werden (siehe Abb. 42).

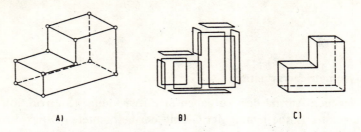

A) Kantenorientiert, B) Flächenorientiert, C) Volumenorientiert.

Abb. 42: Konzepte von 3D-Modellen[113]

Kantenorientierte Modelle (auch Drahtmodelle genannt) umfassen vorwiegend Objekte, die durch ebene Flächen begrenzt sind. Die Darstellungen dieser Modelle sind im allgemeinen nicht eindeutig; Funktionen wie das Ausblenden verdeckter Linien oder die Erstellung von Schnittansichten lassen sich mit reinen Drahtmodellen nicht durchführen.

Flächenorientierte Modelle beschreiben die „Außenhaut" eines Körpers durch ebene Flächen (analytisch beschreibbar) und sogenannte Freiformflächen (analytisch nicht beschreibbar), die durch verschiedene Verfahren angenähert werden (siehe Abb. 43). Dabei ist zu beachten, daß die benötigte Verarbeitungszeit und der Speicherbedarf mit zunehmender Annäherung des Modells an die wahre Gestalt ansteigen.

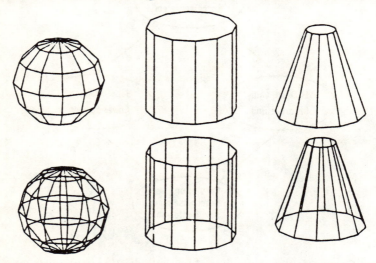

Abb. 43: Geometrische Elemente approximiert durch ebene Flächen[114]

---

[113] SPUR, G./KRAUSE, F.-L. (CAD-Technik), S. 216.
[114] Ebenda, S. 217.

Volumenorientierte Modelle können entweder durch Flächen, die orientiert[115] werden und das Objekt umhüllen, zu einem Volumen zusammengefaßt oder durch Verknüpfung (Vereinigung, Durchschnitt, Differenz, Komplement) mengentheoretisch definierter Basiskörper gebildet werden (siehe Abb. 44).

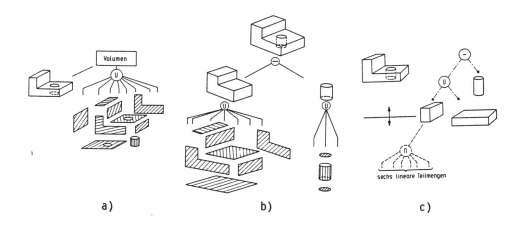

Abb. 44: Volumenbildung durch: a) Flächenvereinigung, b) Basiskörper mittels Flächen, c) mengentheoretisch definierte Basiskörper[116]

Welche 3D-Gebilde möglich sind, ist vom Modellkonzept, von den verfügbaren Elementen (z.B. analytisch nicht beschreibbare Elemente) und von den Manipulationsmöglichkeiten abhängig. Unter Manipulationsmöglichkeiten sollen die Funktionen zur Erzeugung von benutzerspezifischen Basiskörpern (z.B. durch Translation, Rotation beliebiger Konturen oder Flächen), die Verknüpfungsprinzipien (z.B. Kontaktflächenverknüpfung, durchdringungsmäßige Verknüpfung) sowie die bereits bei 2D-Zeichensystemen angeschnittenen Möglichkeiten der Manipulation von graphischen Objekten, in diesem Fall von 3D-Modellen, verstanden werden. Zur Erzeugung von 3D-Gebilden können im wesentlichen zwei Methoden unterschieden werden; entweder durch rißorientierte Beschreibung des Volumenelementes, wobei der Bildschirm (bei CADIS-3D) in Arbeitsflächen unterteilt wird (Abb. 45), oder durch die Verknüpfung von Basiskörpern z.B. mit dem System COMPAC (Abb. 46).

---
[115] Z.B. nach innen oder außen.
[116] REQUICHA, A./VOELCKER, H.B. (Solid Modeling), S. 11 f.

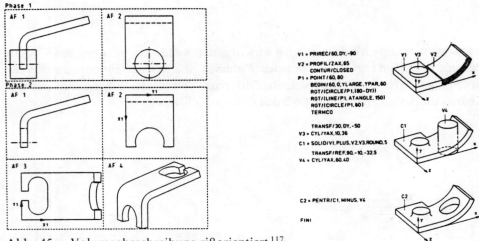

Abb. 45: Volumenbeschreibung rißorientiert [117]

Abb. 46: Volumenbeschreibung durch Basiskörper [118]

2D-Rißdarstellungen sind dann nur spezielle Abbildungen des 3D-Modelles und sollten wie diese weiter bearbeitet werden können (Bemaßung usw.). Darüber hinaus bieten fast alle 3D-Systeme (eingeschränkt bei Drahtmodellen) viele zusätzliche Darstellungsmöglichkeiten wie z.B. beliebige Schnitte mit Schraffur der Schnittfläche (Abb. 47), Explosionszeichnungen (Abb. 48), 3D-Darstellung von Rohrleitungen im Anlagenbau (Abb. 49), Darstellung von Objekten mit schattierten Oberflächen usw. an.

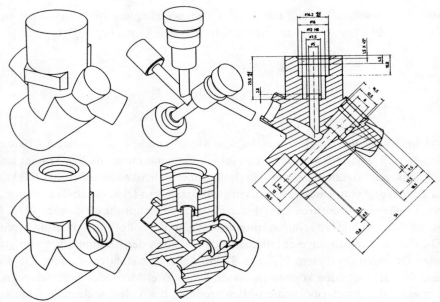

Abb. 47: Schnitt durch ein 3D-Modell samt Bemaßung mit CONCAD [119]

---

[117] SPUR, G./KRAUSE, F.-L. (CAD-Technik), S. 344, nach: DENNER, R./GAUSEMEIER, J./ HENSSLER-MICKISCH, M. (Dimension), S. 26—31.
[118] SPUR, G./KRAUSE, F.-L. (CAD-Technik), S. 336.
[119] Nomina Information Services (ISIS), S. 3008.

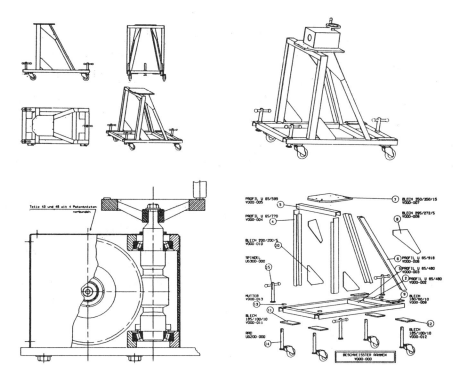

Abb. 48: Explosionsdarstellung, Schnitt und Ansichten mit CAM-X[120]

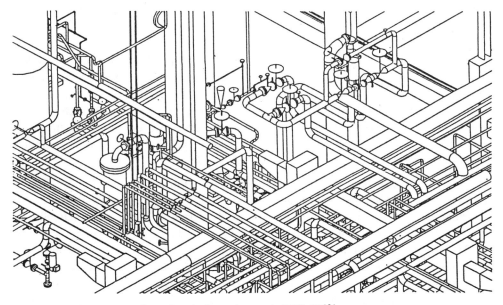

Abb. 49: 3D-Anwendung im Anlagenbau mit PDMS[121]

---

[120] Ebenda, S. 3022.
[121] SEBREGONDI, H.-P. (CAD-Systeme), S. 60.

Die Anschaulichkeit der Darstellungen wird durch verschiedene Projektionsmöglichkeiten erhöht; steht eine leistungsfähige Textverarbeitung zur Verfügung (Kombination von Graphik und Text), so können Bedienungs- und Wartungshandbücher, Ersatzteilkataloge, Montageanweisungen, Angebotsunterlagen und dergleichen erstellt und vor allem schnell wieder geändert werden.[122] Mit wachsender Zahl auf dem Markt erhältlicher 3D-Systeme werden vermehrt leistungsfähige Programme für Berechnungen und Simulationen, die auf den 3D-Daten aufsetzen, entwickelt und durch die Leistungsexplosion der Mikroelektronik auf immer kleineren Rechnern wirtschaftlich einsetzbar. Ebenso nehmen die Möglichkeiten der automatisierten Fertigung rasant zu, wobei hier durch die Kombination flexibler Fertigungssysteme mit automatisierten Transport-, Handhabungs-, Meß- und Prüfsystemen in Zukunft sehr hohe Anforderungen an die Daten gestellt und somit 3D-Systeme erforderlich werden. Obwohl 2D-Systeme für viele Anwendungen auch in Richtung NC-Bearbeitung durchaus ausreichen, sollten sich dennoch die 3D-Systeme aufgrund der Weiterentwicklung von Hard- und Software und vor allem wegen weitaus größerer Nutzungsmöglichkeiten[123], mittelfristig durchsetzen. Viele Anbieter, die dies bis vor kurzem noch bestritten, bieten mittlerweile selbst entsprechende Systeme an.

3.2.3 Entwurf und Konstruktion

Unter Entwurfs- und Konstruktionssystemen können CAD-Systeme verstanden werden, die einerseits über die Funktionen von Zeichen- oder Modelliersystemen verfügen und darüber hinaus eine echte Hilfestellung bei der Entwicklung und Konstruktion verschiedener Produkte darstellen können. In manchen Bereichen kann nicht nur von Hilfestellung gesprochen werden, vielmehr wären z.B. Fortschritte im Bereich der Mikroelektronik ohne entsprechende CAD-Systeme wahrscheinlich kaum möglich.

Die Unterstützbarkeit durch Entwurfs-, Auswahl-, Varianten- und Methodenprogramme ist auch abhängig vom Stand und von den Möglichkeiten der Produktnormierung und -standardisierung im Betrieb. In der Astrologie sagt man: „Die Sterne machen geneigt, sie zwingen nicht". Vielleicht kann damit die Wirkungsweise von CAD-Systemen charakterisiert werden, die umso effektiver eingesetzt werden können, je besser es einem Unternehmen gelingt, bei weitgehender Wahrung „künstlerisch-schöpferischer" Freiheit für den Konstrukteur, geeignete Konstruktionsmethoden[124] durchzusetzen, die zur Vereinheitlichung und Normung im Konstruktions-

---

[122] Vgl. EDLINGER, H. (Auswahlkriterien), S. 8.
[123] Vgl. dazu die folgenden Abschnitte (3.2.3 bis 3.2.5).
[124] Vgl. PAHL, G./BEITZ, W. (Konstruktionslehre), S. 10 ff.

bereich beitragen. Simon z.B. präsentierte Untersuchungsergebnisse einer Analyse des Teilespektrums, wonach „in fast allen Konstruktionsbereichen" der (deutschen) Maschinenbauindustrie „für die hohe Anzahl von Formvarianten weder fertigungstechnische Gründe noch funktionsbedingte Notwendigkeiten vorlagen".[125]

Die negativen Auswirkungen unbegründeter Variantenvielfalt auf praktisch alle Unternehmensbereiche können vom Fachmann sicherlich auf ihre Tragweite abgeschätzt werden. Der Einsatz eines CAD-Systems kann bei entsprechender System- und Datenorganisation durch die Arbeitsweise dieser Programme, die die Verwendung vorhandener Elemente und Methoden gegenüber einer Neuerstellung wesentlich begünstigen, tendenziell normenbildend und -bewahrend wirken. Maßnahmen, mit denen der Einsatz von CAD/CAM-Systemen vorbereitet und letztlich wirkungsvoller gestaltet werden kann, zeigt Abbildung 50.

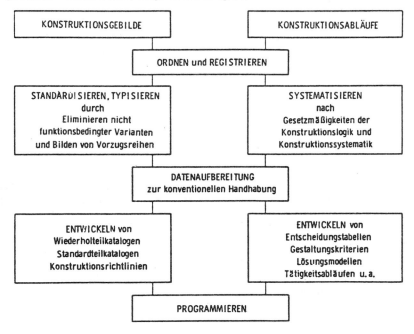

Abb. 50: Vorbereitungsmaßnahmen für den CAD/CAM-Einsatz[126]

Die Auswahl der CAD-Systeme richtet sich bei dieser Programmkategorie nach den im Unternehmen vorkommenden Technologien.

Werden komplexe bzw. hochkomplexe Produkte, die mehrere Technologien beinhalten[127], hergestellt, dürften die Anforderungen kaum von einem einzigen Programm zu erfüllen sein; auch bei mächtigen CAD/CAM-Systemen werden die benötigten Funktionen häufig in verschiedenen Systemmodulen realisiert (z.B. Elektronik, Mechanik). Zur Unterstützung bei Entwurf und Konstruktion sind daher viele

---
[125] Vgl. SIMON, R. (Konstruieren), S. 47.
[126] Ebenda, S. 49.
[127] Vgl. Abschnitt 3.2, S. 48 f.

technologie- und sogar produktspezifische Programmierhilfen und Programme mit sehr unterschiedlichem Leistungsumfang entwickelt worden. Dieser Leistungsumfang kann in mehrere Ebenen eingeteilt werden: [128]

— In der ersten Ebene bauen die Entwurfsprogramme auf dem Kommunikationsteil der (2D) Zeichen- oder (3D) Modelliersysteme auf und erlauben mit Hilfe verschiedener Methoden (z.B. Makrotechnik) die Erzeugung dimensionsvariabler Symbole oder Normteile (Makros). Diese Normteile oder Symbole können durch die Angabe weniger Parameter abgerufen und zu komplexen Konstruktionen bzw. Schematas zusammengefügt sowie diversen Prüfungen unterworfen werden.

— In der nächsthöheren Ebene verfügen die Systeme bereits über (programmierbare) Auswahl- und Rechenfunktionen, die ausgehend von Anforderungen wie etwa Leistung, Drehzahl, Gewichte oder von Werkstoffen, Herstellungs- und Bearbeitungsmethoden die Generierung und Dimensionierung von Teilen vornehmen. Auf dieser sehr anwendungsspezifischen Ebene können zur Erstellung und Änderung von Modellalgorithmen Programmierkenntnisse des Konstrukteurs bereits sehr vorteilhaft sein.

— In der (bisweilen) höchsten Ebene wird die Auswahl einzelner Entwurfsrechenverfahren ebenfalls rechnerunterstützt durchgeführt. Zu diesem Zweck müssen sogenannte Methodenkataloge entwickelt und gespeichert werden, die dann im Dialog nach verschiedenen Kriterien durchsucht und für das jeweilige Entwurfssubsystem ausgewählt werden können. Ansätze zur Realisierung dieser (aufwendigsten) Ebene sind, bei geeigneter Datenorganisation (Datenbank), durch den Einsatz von Klassifizierungssystemen verbunden mit entsprechenden Abfragemöglichkeiten, bereits vorhanden.

Diese vor allem auch für die Variantenkonstruktion einsetzbaren Methoden erhöhen das Nutzenpotential von CAD/CAM-Systemen im jeweiligen Unternehmen. Der Aufbau von Normteilbibliotheken und entsprechenden Teileprogrammen ist sehr zeitaufwendig und kann einen gewichtigen Teil des Vorsprungs bei der Nutzung dieser Technologie gegenüber jenen Unternehmen darstellen, die CAD/CAM-Systeme erst später einführen.

Große Bedeutung für die Weiterverwendung der generierten Daten hat eine einheitliche rechnerinterne Darstellung der Objekte, die eine Kombination verschiedener Bearbeitungsmethoden ermöglicht. Beispielsweise soll ein mit Hilfe eines Variantenprogrammes erstelltes Objekt über den Kommunikationsteil des Systems interaktiv weiterbearbeitet werden können.

Nach dieser verallgemeinerten Charakterisierung sollen nun einzelne Einsatzbeispiele aus verschiedenen Technologiebereichen dargestellt werden.

Im Bereich Elektrik und Elektronik kommt CAD/CAM-Systemen z.B. für den Entwurf von Stromlaufplänen, Leiterplatten bis hin zu integrierten Schaltungen sehr

---

[128] Vgl. REINAUER, G. (Variantenkonstruktion), S. 210 f.

große Bedeutung zu. Die auf dem Markt angebotenen Systeme reichen von einfachen Zeichensystemen bis zu integrierten CAD/CAM-Systemen, die den gesamten Entwicklungs- und Fertigungsprozeß unterstützen. Hauptaufgabe der Entwurfssysteme ist der Aufbau von Dateien, die sämtliche Informationen zur Erstellung folgender Fertigungsunterlagen enthalten:[129]

— reingezeichnete Stromlaufpläne
— Zeichnungsunterlagen für die Fertigung
— Stücklisten, Klemmenpläne
— Daten für die Erstellung der Masken
— NC-Daten für Bohrmaschinen, Bestückungs- und Prüfautomaten, ...

Dazu sind im wesentlichen folgende Schritte notwendig:

— Aufbau des Stromlaufplanes am CAD-Arbeitsplatz durch interaktive Eingabe, Aufruf und Plazierung der Bauelemente (Makros), Eingabe von Zwischenverbindungen, Ergänzung von Texten usw. Dabei werden abhängig vom Entwurfssystem entsprechende Prüfungen durchgeführt.

— Übergabe der Stromlaufplandaten in eine Leiterplattendatei, halbautomatische oder automatische Gatterzuordnung usw.

— Eingabe des Leiterplattenformats oder Aufruf des Grundrisses einer als Makro abgespeicherten Standard-Leiterplatte. Automatische (und interaktive) Plazierung und Positionsoptimierung von Bauelementen (dabei kommen verschiedene Verfahren zum Einsatz, deren Ziel möglichst kurze Verbindungsabstände sind).

— Automatische Entflechtung mit interaktiven Eingriffsmöglichkeiten zur Verlegung kritischer bzw. der restlichen Leitungen.

— Bereitstellung der Daten für die Fertigung[130].

Alle automatischen Plazierungs- und Entflechtungsalgorithmen haben ihre Eigenarten und Grenzen, wenn besondere Anforderungen an Leiterbahnlängen oder Abstandsbedingungen gestellt werden.

Durch die ständigen Fortschritte bei den Herstellungsverfahren von Elektronik-Bauelementen müssen die CAD/CAM-Systeme laufend weiterentwickelt werden, um geeignete Daten bereitstellen zu können. Diese Aspekte sollten bei der Systemauswahl mit berücksichtigt werden. Als Vorteile dieser Systeme können neben dem Zeitgewinn die komplette und fehlerfreie Dokumentation und Weitergabe der Daten und die problemlose und schnelle Änderungs- und Reproduktionsmöglichkeit der Unterlagen genannt werden. Zum Abschluß des Einsatzbeispiels im Elektronikbereich zeigt Abb. 51 einen automatisch entflochtenen, zweiseitigen Leiterplattenentwurf.

---

[129] Vgl. HERBOTH, K. (Stromlaufplan), S. 41.
[130] Vgl. Abschnitt 3.2.5, CAD/CAM-Kopplungen, S. 75 ff.

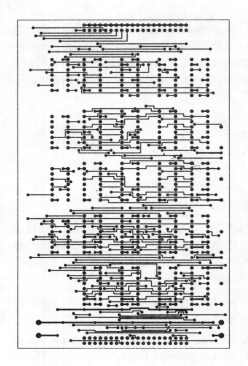 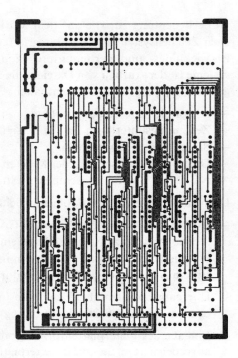

Abb. 51: Automatisch entflochtener, zweiseitiger Leiterplattenentwurf[131]

Als Beispiel im Mechanikbereich wird die Variantenkonstruktion ausgewählt. Man kann produktspezifische Systeme (z.B. VABKON: Variantenkonstruktion von Spindelstöcken usw.) und produktunabhängige Systeme unterscheiden.[132] Für die Variantenkonstruktion sind folgende prinzipielle Schritte notwendig:

— Definition des Komplexteiles (Makro, Teileprogramm)
— Festlegung der Parameter und Parameterwerte (möglichst wenige, leicht bestimmbare Parameter)
— Festlegung bzw. Programmierung der Erzeugungslogik (Dimension, Gestalt, ...)

Die Erzeugung des Komplexteiles erfolgt in den einzelnen Systemen auf unterschiedliche Art. Im günstigsten Fall steht eine graphische „Definitionssprache" im interaktiven Dialog zur Verfügung, einige Variantenprogramme verlangen die Komplexteildefinition auf (Lochkarten-)Formularen, die von Beschreibungsprogrammen in einem Batchlauf verarbeitet werden; im ungünstigsten Fall und für Teile, die mit vorhandenen Variantenprogrammen nicht erzeugt werden können, kann entweder ein Programm z.B. in FORTRAN (selbst) geschrieben werden oder man muß gänzlich darauf verzichten. Weiters können 2D-, 2½ D- oder 3D-Komplexteile unterschieden werden, was von den Geometrieverarbeitungsmöglichkeiten des CAD-Basissystems abhängig sein kann. Zur Generierung einer Variante müssen dann nur

---

[131] HERBOTH, K. (Stromlaufplan), S. 41.
[132] Vgl. SPUR, G./KRAUSE, F.-L. (CAD-Technik), S. 304 f.

noch die Parameterwerte angegeben werden; dies kann abhängig vom System im Dialog, Batch oder über Tabellen erfolgen.

Abb. 52 zeigt als Beispiel ein (2D) Komplexteil mit 3 Varianten.

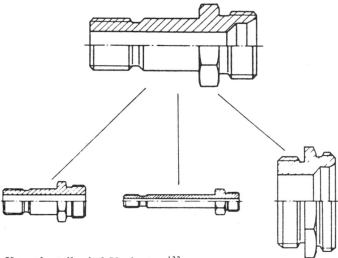

Abb. 52:   Komplexteil mit 3 Varianten [133]

Als Beispiel für produktunabhängige Variantenkonstruktionen im graphisch-interaktiven Dialog sollen die Möglichkeiten des Systems MEDUSA [134] aufgezählt werden:

— Einfache Geometrien können als parametrisierbare Makros abgespeichert werden.

— Umfangreiche Geometrien können durch Abspeichern der eingegebenen Befehle in einer Monitordatei immer wieder von dort abgerufen werden. Für die Variantenbildung müssen in der Monitordatei entsprechende Befehle oder Texte zur Parameterdefinition ergänzt werden.

— Diese Datei kann auch durch FORTRAN-Programme erstellt werden, wodurch Berechnungen ermöglicht und somit errechnete Größen als Parameterwerte eingesetzt werden können.

— Mit dem PARAMETRIC-Modul ist die Variation von Zeichnungen durch Überschreiben der Maßzahl möglich. Anstelle neuer Maßzahlen können Variablennamen und Funktionen eingesetzt werden, die dann ebenfalls zur Veränderung der Geometrie führen.

---

[133] Vgl. SPUR, G./KRAUSE, F.-L. (CAD-Technik), S. 305.
[134] Vgl. Nomina Information Services (ISIS), S. 3011 ff.

Abbildung 53 zeigt ein Beispiel zur Maßzahlenänderung.

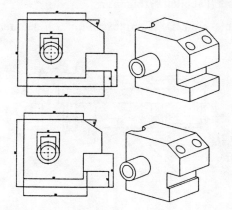

Abb. 53:   Ändern durch Überschreiben einer Maßzahl[135]

Neben dem Variantenprinzip ermöglichen einige Systeme (z.B. DETAIL 2) den Aufbau von Bauteilen durch einzelne Elemente (siehe Abb. 54).

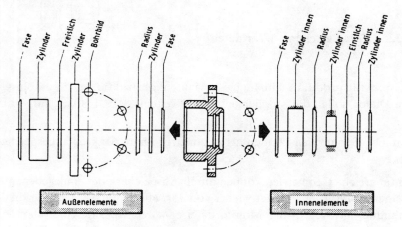

Abb. 54:   Zerlegung eines Einzelteiles in Elemente[136]

Neben den dargestellten Bereichen können Entwurfs- und Konstruktionssysteme in vielen anderen Wirtschaftszweigen wie z.B. Anlagenbau, Stahlbau, Bauwesen, Architektur usw. eingesetzt werden. Dabei können insbesondere 3D-Systeme die Basis der Gesamtplanung und -darstellung von Objekten sowie der Ausgangspunkt umfangreicher Berechnungen sein.

---

[135] SPUR, G./KRAUSE, F.-L. (CAD-Technik), S. 297.
[136] Ebenda, S. 310.

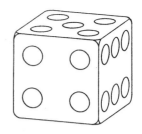

3.2.4 Berechnungen (FEM)

In jeder Konstruktionsphase und abhängig vom Objekt treten Berechnungen unterschiedlicher Komplexität und unterschiedlichen Umfanges auf. Gemeint sind damit vor allem die verfahrens- und beanspruchungsmäßige Durchrechnung und die eigentliche Einzelteil- und Baugruppengestaltung. Dabei können Kontroll- oder Nachrechnungen, Auslegungsrechnungen und Optimierungsrechnungen unterschieden werden.[137]

Bisher waren und sind dafür viele Einzelprogramme, aber auch modular aufgebaute Programmpakete hauptsächlich im Stapelbetrieb in Verwendung. In der Entwurfsphase liegt der Anteil von Berechnungs- und Optimierungsoperationen gegenüber den anderen Phasen bedeutend höher.[138] Um die Rechenvorgänge vereinfachen und den Rechenaufwand reduzieren zu können, muß häufig vom konkreten Objekt ein für die Betrachtungen gerade noch ausreichendes, möglichst einfaches abstraktes (Berechnungs-)Modell erstellt werden. Teilweise können Berechnungen durch Ablesen von Werten aus vorgefertigten Tabellen oder Diagrammen ersetzt werden.

Für Berechnungen werden in vielen Fällen Informationen über die geometrische Gestalt und die technologischen Eigenschaften des Objektes benötigt. Durch den Einsatz von CAD-Systemen kann abhängig von der Vollständigkeit der Objektbeschreibung (2D/3D-Modell, Technologiedaten usw.) eine Reihe von Berechnungen programmunterstützt ablaufen. Abhängig vom jeweiligen CAD-System kann die Unterstützung relativ einfacher, aber öfters auftretender Rechenvorgänge wie zum Beispiel die automatische Ermittlung verschiedenster Maße (Längen, Winkel, Radii, Distanzen zwischen beliebigen Punkten, Flächen, Umkreisberechnungen usw.) und Körperkenngrößen (z.B. Volumina, Oberflächen, Schwerpunkte, Hauptträgheitsachsen, Trägheitsmomente etc.), erfolgen. Weitere Berechnungen können von den Entwurfs- und Konstruktionsprogrammen übernommen werden. Für Berechnungen, bei denen elementare Berechnungsmethoden versagen, wird in zunehmendem Ausmaß die Methode der finiten Elemente (FEM: **F**inite-**E**lement-**M**ethod) herangezogen.[139] Sie kann zur Bestimmung von z.B. Spannungen und Verformungen in komplexen Bauteilen eingesetzt werden. Dazu werden die Bauteile in eine große Anzahl von Grundelementen (siehe Abb. 56) zerlegt, die elementarer Berechnung zugänglich sind. Aus den Übergangsbedingungen zwischen diesen Grundelementen wird ein Gleichungssystem abgeleitet, dessen Lösung die Verformungen und Spannungen der Einzelelemente und daraus jene im Bauteil mit guter Näherung zu ermitteln gestattet.

---

[137] Vgl. PRASS, P. (Einsatz), S. 236 f.
[138] Vgl. PAHL, G./BEITZ, W. (Konstruktionslehre), S. 428 f.
[139] Vgl. PRASS, P. (Einsatz), S. 236.

Eine breitere Anwendung dieser vielseitigen und leistungsfähigen FE-Methode wurde bisher durch mehrere Umstände erschwert:[140]

— Das Verfahren führt mit steigenden Ansprüchen an die Genauigkeit bzw. höherer Anzahl von Einzelelementen zu sehr großen Gleichungssystemen, deren Lösung große Rechner und lange Rechenzeiten benötigt.

— Die Anwendung von FEM erfordert große Erfahrung beim Zerlegen in Grundelemente und bei der Interpretation der Rechenergebnisse. Fallen komplexe Berechnungen in einem Unternehmen nur selten an, kann die Anschaffung von Rechner und FEM-Programmen vielfach wirtschaftlich nicht vertreten werden.

— Die manuelle Netzaufbereitung und Eingabe der statischen und kinematischen Randbedingungen ist sehr zeitaufwendig und fehleranfällig; da auch für Auswertung und Darstellung der Ergebnisse sehr viel Zeit aufgewendet werden muß, ist die reine Rechenzeit im Vergleich dazu vernachlässigbar.[141]

Der vermehrte Einsatz von CAD/CAM-Systemen durch die ständige Verbesserung des Preis-/Leistungsverhältnisses dieser Systeme hat zu einer Reihe von Neuentwicklungen geführt, die die Anwendung der FEM und hier vor allem die Eingabe und Ergebnisdarstellung wesentlich erleichtern und beschleunigen. Abb. 55 zeigt von links nach rechts die fortschreitende Entwicklung der Möglichkeiten zur Netzaufbereitung für FEM.

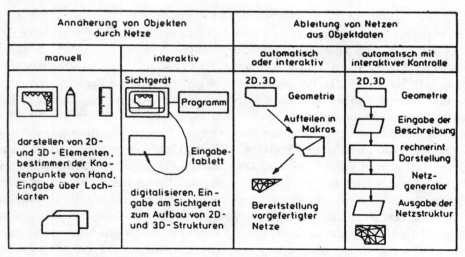

Abb. 55: Entwicklung der Netzaufbereitung für FEM[142]

Die effektivste Möglichkeit der Netzgenerierung stellt die Kopplung von CAD-Systemen und FEM dar, wobei die rechnerinterne Objektdarstellung direkt als Kontur oder Volumen für die automatische Netzaufbereitung verwendet wird.

---

[140] Vgl. PRASS, P. (Einsatz), S. 236.
[141] Vgl. KRAUSE, F.-L. (Leistungsvermögen), S. 74.
[142] Ebenda.

Durch die Leistungsexplosion bei Kleinrechnern werden vereinzelt bereits FEM-Pakete für diese Rechnergruppe angeboten. Die Abbildungen 56 und 57 zeigen dazu den Aufbau und Anwendungsbeispiele des FEM-Baukastensystems SARA.

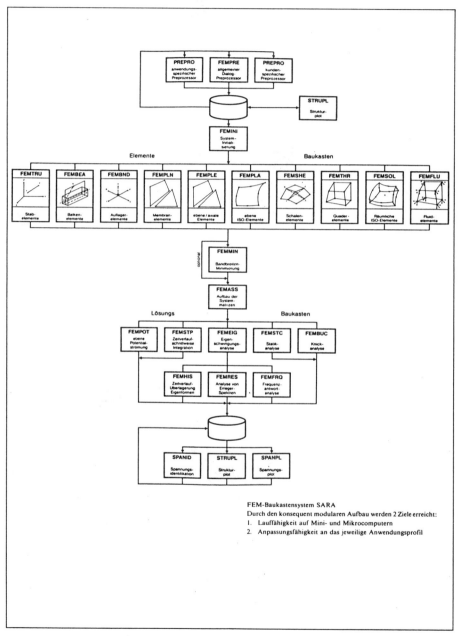

Abb. 56: FEM-Baukastensystem SARA[143]

---

[143] DROTLEFF, A./HACHMEISTER, J. (FEM-Lösungen), S. 25.

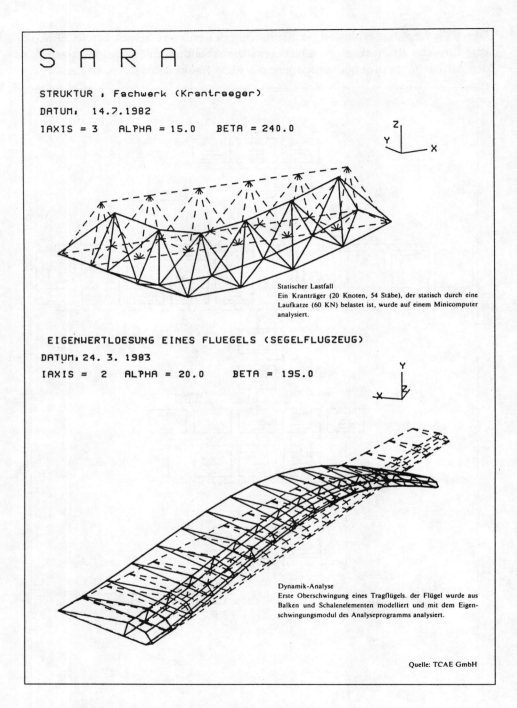

Abb. 57: Anwendungsbeispiele für FEM mit SARA[144]

---

[144] Ebenda, S. 27.

Durch die Einsatzmöglichkeit von FEM-Programmen auf leistungsfähigen Mikrocomputern kann eine Senkung der Eintrittsschwelle für FEM und damit verbunden eine deutliche Zunahme der Anwendung dieses Verfahrens erwartet werden. Auf der anderen Seite werden die auf 32-Bit-Minicomputern und Großcomputern etablierten großen FEM-Programmpakete wie z.B. NASTRAN (NASA Structural Analysis) und viele andere [145] bei komplexen umfangreichen Problemstellungen ihre Bedeutung behaupten können. Dazu tragen auch die Entwicklung umfangreicherer Problemlösungen sowie immer leistungsfähigere Postprozessoren (zur graphischen Darstellung der Ergebnisse) bei.

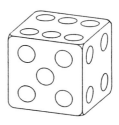

3.2.5 CAD/CAM-Kopplungen

Die Herstellung von Konstruktions- und Arbeitsplanungsunterlagen ist die Voraussetzung für Fertigung, Montage und Qualitätskontrolle. Die Kopplung und in weiterer Folge die Integration von CAD- und CAM-Systemen kann als durchgängige Informationsbereitstellung, -übertragung und -verarbeitung zur Bildung eines zusammenhängenden technischen Ablaufs gedeutet werden.[146]

Die Möglichkeiten zur Realisierung eines solchen Ablaufs sind in den einzelnen Wirtschaftszweigen und innerhalb dieser von Betrieb zu Betrieb — selbst bei vergleichbarem Produktprogramm — verschieden. Als Kriterien können die Produkttechnologie und die Komplexität der Produkte, die Fertigungstechnologie, Fertigungsverfahren und -mittel sowie die Arbeitstechniken zur Vorbereitung und Durchführung der Aufgaben genannt werden. Reinauer[147] führt drei Gesichtspunkte an, unter denen die Kopplung von CAD- und CAM-Systemen gesehen werden kann:

1. Die technische Realisierung geeigneter Kopplungsbausteine
2. Handhabungsmöglichkeiten und Änderungen vor allem für die Arbeitsvorbereitung
3. Organisatorische Begleitmaßnahmen.

Den Ausgangspunkt diesbezüglicher Überlegungen stellt die jeweilige Ist-Situation im Betrieb dar, die einen wesentlichen Einfluß auf die konkreten Realisierungsmöglichkeiten ausüben wird.

---

[145] Vgl. Nomina Information Services (ISIS), S. 4013 ff.
[146] Vgl. SPUR, G./KRAUSE, F.-L. (CAD-Technik), S. 357.
[147] Vgl. REINAUER, G. (CAD/CAM), S. 49.

Die Einführung eines CAD-Systems kann vielschichtige Neuerungen im Bereich Entwicklung und Konstruktion mit sich bringen, die jedoch, abgesehen von verschiedenen Änderungen bei den Fertigungsunterlagen, vorerst für angrenzende Betriebsbereiche ohne größere Auswirkungen bleiben werden. Im Gegensatz dazu stellt die Einführung eines CAD/CAM-Systems im Zuge der Realisierung verschiedenartiger Systemkopplungen wesentlich höhere Anforderungen an alle beteiligten Bereiche.

Wurde das CAD-System häufig in einem Bereich eingeführt, dem bisher, außer eventuellen Berechnungsprogrammen, noch keine Rechnerunterstützung zuteil wurde, so können CAD/CAM-Systeme auf verschiedenste Stufen der Rechnerunterstützung in der Fertigung treffen, die bei der Gestaltung der Schnittstellen zu berücksichtigen sind.

Als Beispiele dafür können Produktionsplanungs- und steuerungssysteme (PPS) mit entsprechenden Programmblöcken zur Verarbeitung von Teilestammdaten, Stücklisten, Arbeitsplänen, Betriebsmitteln, Produktionsprogramm- bzw. Auftragsdaten, der Materialdisposition und -manipulation usw. genannt werden, wobei diese Software auch aus historischen Gründen vielfach auf einem (getrennten) Rechner der kommerziellen EDV-Abteilung eingesetzt wird.

In der Fertigung selbst kann die Rechnerunterstützung für unterschiedliche Methoden der NC-Programmierung zur Steuerung einfacher NC-Bohrmaschinen bis hin zu Mehrmaschinensteuerungen flexibler Fertigungssysteme sowie verschiedener NC-Meß- und Prüfeinrichtungen bereits vorhanden sein. Für Transport- und Lagersteuerungen und in letzter Zeit zunehmend für die Steuerung programmierbarer Handhabungsgeräte (Industrieroboter) sind ebenfalls immer öfter EDV-Lösungen anzutreffen.

Aus dieser Aufzählung geplanter oder in der einen oder anderen Form bereits realisierter Einsatzgebiete von Rechnern im Fertigungsbereich sollen nun Kopplungsmöglichkeiten von CAD-Systemen mit NC-Bearbeitungs-, Meß- und Handhabungseinrichtungen herausgegriffen und näher charakterisiert werden. Im Anschluß dazu werden grundsätzliche Möglichkeiten und Probleme einer Kopplung von CAD-Systemen mit Produktionsplanungs- und -steuerungssystemen (PPS) angeschnitten.

In CAD-Systemen erfolgt die Beschreibung der Geometrie objektorientiert. Die Steuerungen von NC-Bearbeitungsmaschinen und Handhabungsgeräten erwarten verfahrensorientierte Anweisungen zur Erfüllung ihrer Aufgaben. Zwischen diesen beiden Gebieten muß eine Umformung und Ergänzung der benötigten Daten erfolgen, wozu in Abhängigkeit von der Aufgabe verschiedene Methoden eingesetzt werden können. Die Anforderungen, die vom jeweiligen Einsatzgebiet an die Geometrie des CAD-Systems gestellt werden, sind in Abbildung 58 angedeutet.

Die NC-Technik wird vorwiegend für die Fertigungsverfahren Drehen, Bohren und Fräsen eingesetzt. Durch die Entwicklung der Mikroelektronik und dadurch billiger, leistungsfähigerer, speicherprogrammierbarer Steuerungen (SPS) werden die Bearbeitungsmöglichkeiten laufend erweitert. Somit werden auch die Anforderungen an

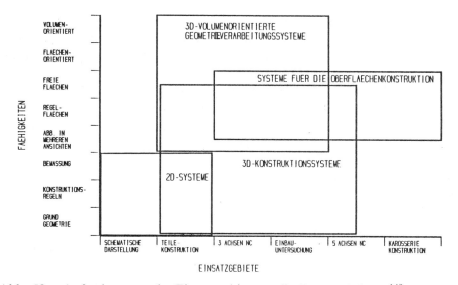

Abb. 58: Anforderungen der Einsatzgebiete an die Geometriedaten[148]

die Geometriedaten der CAD-Systeme ansteigen. Die einfacheren Bearbeitungsverfahren (bis 3 Achsen NC) können auch von 2D-Systemen durch Zusatzangaben abgedeckt werden.

Neben den Geometriedaten werden für die NC-Programmierung noch Maschinen-, Werkzeug- und Werkstoffdaten zur Ermittlung des Arbeitsablaufes, der Werkzeuge, der Schnittwerte und der Werkzeugwege benötigt. Die Programmerstellung kann entweder manuell an der NC-Maschine oder maschinell durch die Verwendung einer NC-Programmiersprache erfolgen.[149] Abbildung 59 zeigt die Anteile der weltweit verwendeten NC-Programmiersprachen sowie jene der in der BRD angewandten NC-Programmierarten.

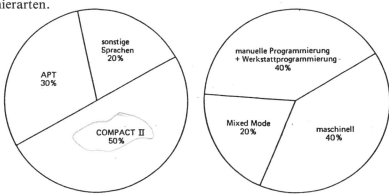

Abb. 59: Verwendete Programmiersprachen und angewandte Programmierarten[150]

---

[148] SCHUSTER, R. (Erfahrungen), S. 37.
[149] Vgl. ANDERL, R. (Konzepte), S. 243 f.
[150] HELLWIG, H.E. (Kopplung), S. 127.

Die manuelle NC-Programmierung läßt keine CAD/NC-Kopplung zu und umfaßt die (aufwendige und fehleranfällige) direkte Erstellung des Informationsträgers (z.B. Lochstreifen) für die NC-Maschine in der steuerungsorientierten Befehlsstruktur und Verschlüsselung (Format und Codierung nach DIN 66025[151]. Überdies werden in die NC-Maschinen durch die Hersteller verschiedenartige Steuerungen eingebaut, für die vielfach verschiedene NC-Programme erstellt werden müssen.

Im Gegensatz dazu arbeiten die meisten der verwendeten NC-Programmiersysteme geometrieorientiert und führen die für das jeweilige Fertigungsverfahren erforderlichen Berechnungen des Werkzeugweges entlang einer vorgesehenen Werkstückkontur oder -fläche selbst durch. Mit sogenannten NC-Postprozessoren wird anschließend die eigentliche Erstellung der maschinenabhängigen Steuerungsinformation vorgenommen.[152]

Da der wirtschaftliche Einsatz von NC-Maschinen wesentlich durch die Programmierung bestimmt wird, sollte dieses Fertigungssystem nur in enger Verbindung mit der Informationserstellung betrachtet werden. Wie Abbildung 59 zeigte, werden in der BRD bei 20% der Anwendungen beide Programmierverfahren eingesetzt.

Abhängig von der NC-Programmiermethode sowie vom Umfang und der Qualität der Daten aus dem CAD-System kann die Gestaltung der NC-Schnittstelle vorgenommen werden. Abbildung 60 zeigt mögliche Qualitätsstufen einer CAD/NC-Kopplung.

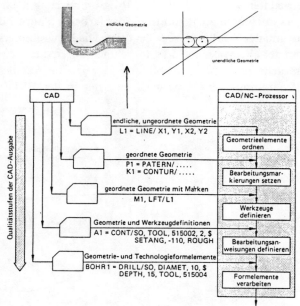

Abb. 60: Qualitätsstufen der CAD/NC-Kopplung[153]

---

[151] Vgl. Abbildung 33 auf Seite 47.
[152] Vgl. ebenda.
[153] HELLWIG, H.E. (Kopplung), S. 123.

In den meisten Fällen wird die Übergabe auf der ersten (oberen) Stufe am leichtesten realisierbar sein. Stufe für Stufe werden höhere Ansprüche an das CAD-System gestellt. Eine zusätzliche Effizienzsteigerung der CAD/NC-Verbindung kann sich ergeben, wenn bereits vom CAD-System Anforderungen der NC-Systeme, wie z.B. die Bereitstellung von Rohteilkonturen, die Berücksichtigung mehrerer Bearbeitungsvorgänge und die Unterstützung der Makrotechnik bei der NC-Programmierung, erfüllt werden können.

Die zur Erstellung des NC-Programmes benötigten Technologiedaten können auf unterschiedliche Weise zur Verfügung stehen. Bei der manuellen NC-Programmierung sind diverse Verzeichnisse, Tabellen sowie Maschinen-, Werkzeug- und Werkstoffkarteien in Verwendung. Bei CAM-Systemen (so werden NC-Programmiersysteme auch genannt) sind dafür entsprechende Dateien vorhanden, aus denen im Dialog und teilweise mit Hilfe von Auswahlprogrammen die benötigten Werkzeuge usw. selektiert und in das NC-Programm eingefügt werden können. Bei CAD/CAM-Systemen mit integriertem NC-Baustein kann, solange ein vorhandenes NC-Programmiersystem wegen der bestehenden NC-Programme parallel aufrechterhalten werden muß, eine doppelte Führung der Technologiedaten erforderlich sein. Die NC-Programmerstellung in einem integrierten CAD/CAM-System wird auch in Zukunft von dem mit Fertigungsverfahren vertrauten Arbeitsvorbereiter bzw. NC-Programmierer vorgenommen werden.

Bei der Systemauswahl kann man davon ausgehen, daß für CAD-Systeme, deren Geometriedaten in geeigneter Form vorliegen, meist auch entsprechende NC-Prozessoren angeboten werden. Der Umkehrschluß ist zwar nur bedingt zulässig, würde aber bedeuten, daß für CAD-Systeme ohne verfügbare NC-Kopplungsbausteine die nachträgliche (Eigen-)Entwicklung von NC-Schnittstellenprogrammen größere Schwierigkeiten bereiten kann.

Die Übergabe der CAD-Geometriedaten an die NC-Programmierung kann sich in mehrfacher Hinsicht positiv auswirken. Einerseits kann die redundante Eingabe der Geometriedaten entfallen, andererseits können durch die Fehler, die bei der Datenübergabe auftreten und im CAD-System zu korrigieren sind, tendenziell fertigungsgerechtere Konstruktionen erstellt werden. Die Hauptvorteile eines integrierten NC-Programmiersystems dürften in der Reduzierung des Zeitaufwandes zur Erstellung der NC-Programme und in der Qualitätsverbesserung und Fehlervermeidung liegen, besonders dann, wenn bei graphisch-interaktiver Arbeitsweise die Möglichkeit besteht, Fertigungsabläufe (Spannlagen, Werkzeugbewegungen, Kollisionen) am Bildschirm simulieren zu können. Abbildung 61 zeigt ein Beispiel für die graphische Simulation von Fräs- und Bohrbearbeitungen.

Die Steuerung der NC-Maschinen kann ihrerseits unterschiedlich erfolgen:
— als NC-Steuerung einer Maschine, der die Anweisungen meist mittels Lochstreifen mitgeteilt werden
— als CNC (**C**omputerized **N**umerical **C**ontrol)-Steuerung einer oder mehrerer Bearbeitungsmaschinen bzw. Handhabungsgeräte
— durch ein DNC (**D**irect **N**umerical **C**ontrol)-Konzept, das selbst die Steuerung des Ablaufs untergeordneter NC-/CNC-Steuerungen übernimmt.

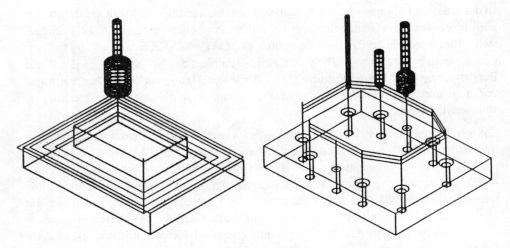

Abb. 61: Graphische Simulation von Fräs- und Bohrbearbeitungen[154]

Abbildung 62 zeigt dazu das Schema eines DNC-Konzeptes.

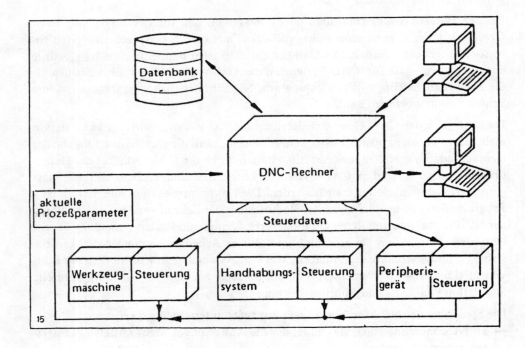

Abb. 62: Schema eines DNC-Konzeptes[155]

---
[154] ANDERL, R. (Konzepte), S. 248.
[155] HELLWIG, H.E. (Kopplung), S. 133.

DNC-Konzepte werden unentbehrlich, wenn die Kopplung mit Fertigungsteuerungssystemen oder der koordinierte Ablauf verketteter Fertigungseinrichtungen erfolgen soll (siehe Abb. 63).

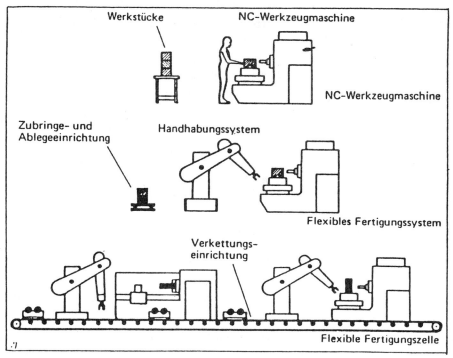

Abb. 63: Entwicklung der Automatisierung in der Fertigung[156]

Durch die Notwendigkeit, Transport-, Handhabungs- und Fertigungsverfahren im Zuge des Produktionsprozesses aufeinander abzustimmen, werden in Zukunft die Probleme der Programmierung von Steuerungen automatisierter Transport-, Handhabungs-, Bearbeitungs- und Prüfsysteme gemeinsam gelöst werden müssen. Ansätze dazu sind durch die Möglichkeiten von Mehrmaschinensteuerungen bereits erkennbar.

Auf dem Weg zu einer vollautomatisierten Fertigung ist die Entwicklung zunehmend sensorgeführter Industrieroboter (IR) besonders erwähnenswert. Sie sind stets als Teil des Fertigungssystems anzusehen und können in folgenden Tätigkeitsbereichen eingesetzt werden:[157]

— Fertigen (Roboter als Träger einer Arbeitsmaschine)
— Montieren und Handhaben (Roboter mit Greifersystem)
— Kontrollieren (Roboter als Träger einer Meßeinrichtung)

Industrieroboter können in mehrere Teilsysteme und -funktionen aufgegliedert werden (siehe Tab. 4).

---

[156] HELLWIG, H.E. (Kopplung), S. 132.
[157] Vgl. GRÜGNER, A. u.a. (Industrieroboter), S. 10.

Teilsystem	Teilfunktion
Kinematik	Räumliche Zuordnung zwischen Werkstück/Werkzeug und Fertigungseinrichtung
Antrieb	Übertragung und Umwandlung der Energie bis hin zum Effektor
Steuerung	Informationseingabe, Programmablaufsteuerung und -überwachung, Informationsspeicherung, Funktionsverknüpfung mit der Industrieroboterumwelt
Meßsystem	Lage- und Geschwindigkeitsmessungen der Achsen
Effektor	Werkstück-, Werkzeug-, Prüfmittelaufnahme
Sensoren	Industrieroboterumwelterfassung, Lage- und Mustererkennung, Erfassung physikalischer Einsatzparameter

Tab. 4: Teilsysteme und -funktionen eines Industrieroboters[158]

In dieser Arbeit interessieren vor allem die Bauart und Steuerungsmöglichkeiten dieser Geräte, da sie für Überlegungen in Richtung automatisch erstellter IR-Programme von besonderer Bedeutung sind.

Abbildung 64 zeigt unterschiedliche Bauarten von Industrierobotern, wobei die möglichen translatorischen und rotatorischen Freiheitsgrade den Arbeitsraum des Industrieroboters bestimmen.

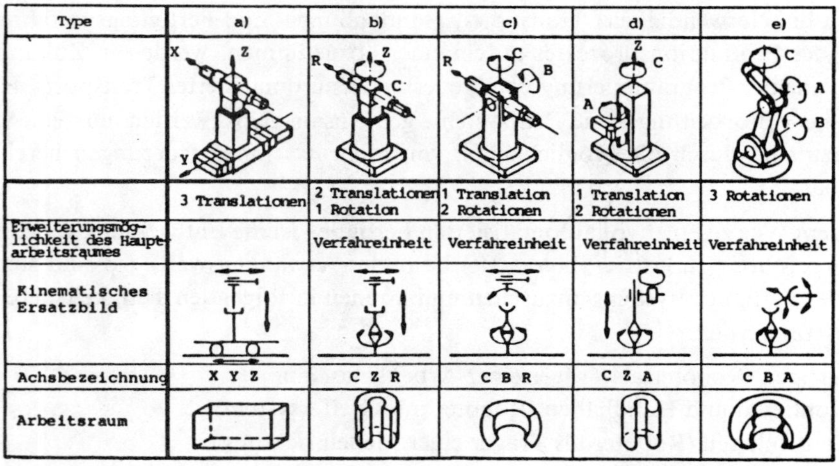

Type	a)	b)	c)	d)	e)
	3 Translationen	2 Translationen 1 Rotation	1 Translation 2 Rotationen	1 Translation 2 Rotationen	3 Rotationen
Erweiterungsmöglichkeit des Hauptarbeitsraumes		Verfahreinheit	Verfahreinheit	Verfahreinheit	Verfahreinheit
Kinematisches Ersatzbild					
Achsbezeichnung	X Y Z	C Z R	C B R	C Z A	C B A
Arbeitsraum					

Abb. 64: Bauarten von Industrierobotern[159]

---
[158] Vgl. GRÜGNER, A. u.a. (Industrieroboter), S. 15.
[159] Ebenda, S. 18.

Es können 3 Arten von Robotersteuerungen unterschieden werden:

— Punkt-zu-Punkt-Steuerung (PTP: **P**oint **to P**oint)
— Vielpunktsteuerung (MP: **M**ulti**p**oint)
— Bahnsteuerung (CP: **C**ontinuous **P**ath)

Die Steuerungsart bestimmt auch die Programmieranweisungen an den Industrieroboter; die Programmierung selbst kann On-line oder Off-line erfolgen. Die On-line Programmierung, die auch als Teach-in-Programmierung bezeichnet wird, erfolgt direkt am Gerät. Durch Tastenbetätigung werden die Bewegungsachsen jeweils in einer Richtung angesteuert und durch Betätigen einer Funktionstaste abgespeichert. Eine komfortablere Möglichkeit stellt das „Vorführen" des Bewegungsablaufes dar. Dabei wird der Arm des IR durch den Bediener geführt; gleichzeitig werden die Achsenbewegungen abgespeichert. Die On-line-Programmierung wird bei steigender Komplexität immer aufwendiger und kann dadurch nicht vertretbare Stillstandszeiten bewirken.

Im Gegensatz dazu erfolgt die Off-line-Programmierung vom IR getrennt auf einem meist kleinen Rechner. Diese auch als externe Programmierung bezeichnete Art weist gegenüber der On-line-Programmierung folgende Vorteile auf:

— Reduzierung der (teuren) Nebenzeitanteile des Roboters
— komfortable Programmerstellung durch höhere Programmiersprachen
— einfache Änderungs- und Dokumentationsmöglichkeit der Programme
— Kopplungsmöglichkeit mit CAD-Systemen.

Gerade der zuletzt angeführte Vorteil wird in Zukunft an Bedeutung gewinnen. Eine Kopplung setzt allerdings ein CAD-System voraus, das geeignete Daten zur Verfügung stellen kann (siehe Abb. 65).

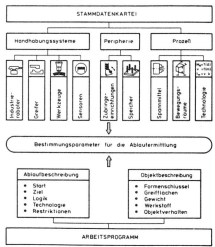

Abb. 65: Bestimmungsparameter für die Ermittlung von Handhabungsabläufen[160]

---

[160] SPUR, G./KRAUSE, F.-L. (CAD-Technik) S. 581.

Die Entwicklung von graphischen Simulationssystemen zeigt die Richtung an, wie diese Problemstellung durch CAD-Systeme gelöst werden kann. Am Beispiel des Systems ROBOGRAPHICS der Firma Computervision werden wichtige Funktionen zur Roboterprogammierung und -simulation aufgezählt:[161]

— Konstruieren des mit dem Roboter bearbeiteten Produktes
— Gestalten der Fertigungszelle mit Auswahl des Roboters und der Komponenten der Fertigungszelle
— Definieren der Spann- und Halteeinrichtungen
— Programmieren des Roboters und graphische Simulation der Bewegungsabläufe unter Berücksichtigung der Gesamtkonfiguration
— Programmierung der weiteren NC-Komponenten der Fertigungszelle (NC-Werkzeugmaschine, NC-Meßgeräte)
— Verteilung der NC-Daten über ein DNC-System an die Fertigungszelle.

Abbildung 66 zeigt ein Beispiel für die graphische Simulation von Bewegungsabläufen.

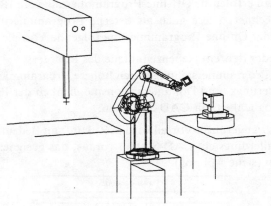

Abb. 66:   Graphische Simulation einer Ladeaufgabe[162]

Der Einsatz der NC-Technologie wird durch die Preisentwicklung zunehmend auch für Kleinbetriebe interessant. In Mittel- und Großbetrieben hat sich dieses Verfahren schon längere Zeit durchgesetzt. Die Realisierung von CAD/NC-Schnittstellen befindet sich noch im Anfangsstadium und folgt der Einführung eines geeigneten CAD-Systemes häufig nach ein bis zwei Jahren später nach. Als hochentwickelt kann der Stand der CAD/CAM-Verbindungen in der Elektronikindustrie bezeichnet werden. In diesem Wirtschaftszweig läuft der Entwicklungs- und Fertigungsprozeß in hohem Maß automatisch ab bzw. kann, zum Beispiel bei der Erzeugung mikroelektronischer Bauelemente, konventionell gar nicht mehr bewerkstelligt werden.

---

[161] SPUR, G./KRAUSE, F.-L. (CAD-Technik) S. 593.
[162] Ebenda, S. 592.

Die vertikalen Kopplungen von CAD und CAM sowie von PPS und CAM (wobei letztere nicht Bestandteil dieser Arbeit ist) haben, besonders bei auftragsbezogener Fertigung, einen direkten Einfluß auf die Durchlaufzeit der Aufträge. Mit der horizontalen Kopplung von CAD und PPS können vor allem durch den Austausch von Grunddaten oder idealerweise durch die Verwendung gemeinsamer Datenbasen erhebliche Produktivitätsreserven mobilisiert werden.[162] Abbildung 67 zeigt den Datenfluß zwischen PPS und CAD/CAM.

Abhängig vom CAD-System können Daten für die Erstellung von Stücklisten, Arbeitsplänen sowie von technischen Teilestammdaten zur Verfügung stehen. Standardschnittstellen sind zwischen CAD und PPS nicht verfügbar und müssen daher vom Anwender individuell gestaltet werden. Der Datenaustausch sollte durch organisatorische Festlegung von Zeitpunkt, Inhalt, Umfang und Art der Informationsübermittlung, auch im Hinblick auf eindeutige Zuständigkeiten und Datenkonsistenz, geregelt werden.

Der Forderung nach gemeinsamen Datenbasen kann nur schwer entsprochen werden, da Standardsoftwarepakete in den meisten Fällen speziell auf ihre Anwendungen zugeschnittene Stammdateien enthalten und diesbezügliche Veränderungen nur mit sehr großem Programmieraufwand, wenn überhaupt, möglich sind. Dem Verfasser sind mehrere Unternehmen bekannt, in denen z.B. die Teilestammdatei mehrfach mit unterschiedlichen Datenstrukturen existiert und diese Dateien teilweise getrennt gepflegt oder periodisch neu umgesetzt werden müssen. Verbesserungen der Situation könnten durch bewußten Verzicht auf Informationen in dem einen Arbeitsgebiet bei gleichzeitiger Einrichtung einer Zugriffsmöglichkeit auf diese Informationen im anderen Arbeitsgebiet erreicht werden. Die redundante Führung gleichartiger Informationen in mehreren Dateien kann unter anderem aus Performancegründen sinnvoll sein.

---

[163] Vgl. FÖRSTER, H.-U. (CAD/PPS-Kopplungen), S. 55.

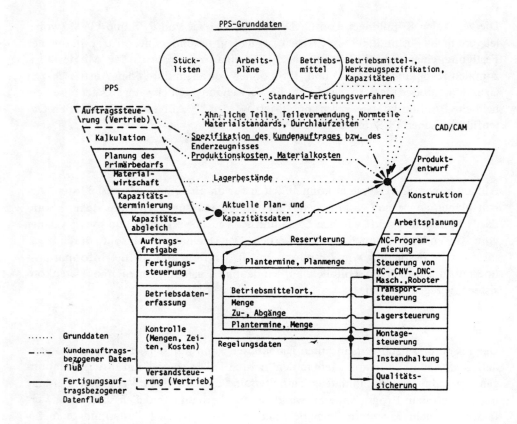

Abb. 67: Datenfluß zwischen PPS und CAD/CAM [164]

4 Empirische Studie zum Einsatz von CAD/CAM in Österreich

Zur möglichst realistischen Einschätzung fördernder und hemmender Faktoren bei der Einführung von CAD/CAM-Systemen sollte anhand einer Befragung ein Überblick über den Stand der Anwendung dieser Technologie in Österreich gewonnen werden. Der empirischen Studie wurde ein selbst entworfener Fragebogen (siehe unten) zugrundegelegt, mit dem einerseits die Betriebsstruktur, zum anderen Zweck und Ausmaß der Anwendung von CAD/CAM-Systemen erhoben werden sollte.

Um einen möglichst hohen Aussagegehalt der Befragungsergebnisse zu erreichen, sollte die Zielgruppe potentielle Anwender umfassen. Zur Erlangung geeigneter Firmenanschriften wurden vom Verfasser einschlägig mit der CAD-Technologie befaßte öffentliche und schließlich auch private Stellen kontaktiert. Das Institute of Industrial Innovation (III) in Linz erklärte sich bereit, das erforderliche Adressenmate-

---

[164] o.V. (PPS-Grunddaten), o.S.

rial bereitzustellen und den Verfasser bei der Aussendung der Fragebögen zu unterstützen. Durch verschiedene Aktivitäten dieses Institutes im Bereich CAD/CAM (Beratungstätigkeit, Kongreßveranstaltungen, Forschung und Lehre) standen der Zielsetzung der Befragung adäquate Anschriften zur Verfügung. Es konnten 405 Fragebögen an CAD/CAM-interessierte österreichische Unternehmen im Herbst 1985 ausgesendet werden. Bis Ende 1985 wurden insgesamt 121 Fragebögen retourniert; davon konnten 104 ausgewertet werden. Die Rücklaufquote von knapp 30% wurde durch zusätzliche telefonische Urgenz des Fragebogens bei ca. 200 Unternehmen erreicht.

Nachfolgend wird zunächst der Aufbau des Fragebogens erläutert; anschließend werden die wichtigsten Befragungsergebnisse dargestellt und kommentiert.

4.1 Aufbau des Fragebogens

Ein Musterexemplar des verwendeten Fragebogens findet sich in Tabelle 5. Die Fragen 1 bis 11 sollten eine Grobcharakterisierung des Unternehmens erlauben. Mit der Formulierung dieser Fragen wurde beabsichtigt, Aussagen über Zusammenhänge zwischen den abgefragten Unternehmensmerkmalen und dem Einsatz von CAD/CAM-Systemen zu erhalten. Mit den Fragen 12 bis 15 sollten die Anwendungsgebiete der Datenverarbeitung erfaßt werden. Aspekte zur Einführung von CAD werden durch die Fragen 16 bis 22 abgedeckt. Zum Abschluß wendet sich der Fragesteller an das Unternehmen mit der Bitte um Bereitschaft zur Erteilung näherer Informationen, die im Rahmen einer zweiten Befragung bezüglich fördernder und hemmender Faktoren erhoben wurden (siehe Abschnitt 6.1).

Um den Zeitaufwand für das Ausfüllen des Fragebogens und damit die Ausfallsquote zu begrenzen, wurde auf tiefergehende Fragestellungen verzichtet.

FRAGEBOGEN - zur Einfuehrung von CAD/CAM-Systemen   Seite 1

Bitte ausfuellen und ruecksenden an:

Peter Derl
Stuckgasse 8/7-8
A-1070 Wien

I. Rahmendaten des Unternehmens
   ----

1. Welchem Wirtschaftszweig gehoert Ihr Unternehmen an ?

   O   Metallverarbeitung
   O   Elektrotechnik, Elektronik
   O   Kunststoffverarbeitung
   O   Holzverarbeitung
   O   Bauwesen
   O   anderer Wirtschaftszweig ....

2. Wieviele Mitarbeiter/Beschaeftigte hatten Sie Ende 1984 ?

   O   bis   50   Beschaeftigte
   O   51 bis 100   Beschaeftigte
   O   101 bis 200   Beschaeftigte
   O   201 bis 500   Beschaeftigte
   O   mehr als 500   Beschaeftigte.

3. Wie hoch war Ihr Umsatz im Jahr 1984 ?

   O   bis   50 Millionen OeS
   O   zwischen 51 und 100 Millionen OeS
   O   zwischen 101 und 250 Millionen OeS
   O   zwischen 251 und 500 Millionen OeS
   O   ueber   500 Millionen OeS

4. Wie gross war der Exportanteil am Umsatz 1984 ?

   O   keine Exportumsaetze
   O   bis   10 %
   O   zwischen 11 und 25 %
   O   zwischen 26 und 50 %
   O   ueber   50 %

FRAGEBOGEN - zur Einfuehrung von CAD/CAM-Systemen   Seite 2

II. Unternehmensstruktur
    ----

5. Zu welchem Unternehmenstyp zaehlen Sie sich ?

    O   vorwiegend Einzelfertigung - auftragsbezogen
    O   vorwiegend Serienfertigung
    O   vorwiegend Massenfertigung - Lagerfertigung, kaum Varianten

6. Beschreiben sie bitte kurz Ihre Produktpalette.

    Gesamtanzahl (ca):   .....

    Produktschwerpunkte: ....

                         ....

                         ....

    Produktvarianten: ....

                         ....

                         ....

7. Verstehen Sie sich als

    O   Zulieferfirma
    O   Finalbetrieb

8. Sind Sie ein

    O   selbststaendiges Unternehmen
    O   Tochterunternehmen eines inlaendischen Konzerns
    O   Tochterunternehmen eines auslaendischen Konzerns

FRAGEBOGEN - zur Einfuehrung von CAD/CAM-Systemen   Seite 3

III. Unternehmensentwicklung

9. Wann wurde Ihr Unternehmen gegruendet ?

   . . . .

10. Was waren Ihre bedeutendsten Aenderungen bei der
    Auftragsabwicklung in den letzten 10 Jahren ?

    O   Angebotslegung   . . . .

        . . . .

    O   Entwicklung und Konstruktion   . . . .

        . . . .

    O   Arbeitsvorbereitung / Fertigung   . . . .

        . . . .

    O   Auftragskalkulation   . . . .

        . . . .

11. Welche Produkte haben Sie vor 1974 (1.Oelkrise) erzeugt ?

    Gesamtanzahl (ca):   . . . . .

    Produktschwerpunkte: . . . .

                           . . . .

                           . . . .

    Produktvarianten: . . . .

                           . . . .

                           . . . .

FRAGEBOGEN - zur Einfuehrung von CAD/CAM-Systemen   Seite 4

IV. Einsatz der Datenverarbeitung

12. Einsatz der Datenverarbeitung im kaufmaennischen Bereich ?

    O   nein - keine sinnvolle Einsatzmoeglichkeit vorhanden

    O   nein - (noch) zu teuer

    O   geplant, ab . . . .

    O   ja, seit   . . . .

13. Einsatz von NC - Maschinen ?

    O   nein - keine sinnvolle Einsatzmoeglichkeit vorhanden

    O   nein - (noch) zu teuer

    O   geplant, ab . . . .

    O   ja, seit   . . . .

14. Einsatz von Handhabungsautomaten (Industrieroboter) ?

    O   nein - keine sinnvolle Einsatzmoeglichkeit vorhanden

    O   nein - (noch) zu teuer

    O   geplant, ab . . . .

    O   ja, seit   . . . .

15. Einsatz eines C A D - Systemes (Computer Aided Design) ?

    O   nein - keine sinnvolle Einsatzmoeglichkeit vorhanden

    O   nein - (noch) zu teuer

    O   geplant, ab . . . .

    O   ja, seit   . . . .

FRAGEBOGEN - zur Einfuehrung von CAD/CAM-Systemen   Seite 5

V. Fragen zur Einfuehrung von C A D

Beantworten Sie bitte die Fragen 16 bis 21 nur wenn Sie
bereits ein CAD-System einsetzen oder die Einfuehrung planen.

Sonst bitte weiter zu Frage 22.

16. Gruende fuer die Planung oder Einfuehrung von CAD ?
    (Bitte kreuzen Sie die Bedeutung fuer Sie an)

                                           wichtig   -   unwichtig

    Reduzierung der Durchlaufzeit |------------------|

    bessere Zeichnungsqualitaet |------------------|

    Flexibilitaet am Markt |------------------|

    Kosteneinsparung |------------------|

    schnellere und alternative Angebote |------------------|

    Mangel an qualifizierten Mitarbeitern |------------------|

    Entlastung von Routinearbeiten |------------------|

    Wettbewerbsvorteil gegenueber der
    Konkurrenz |------------------|

17. Welches CAD-System planen / haben Sie ?

    Systemname: ....

    Von welcher Firma: ....

18. Durch wen wird oder wurde CAD bei Ihnen eingefuehrt ?

    O   durch einen Mitarbeiter der Entwicklung / Konstruktion
    O   durch ein Team aus der Entwicklung / Konstruktion
    O   gemeinsam mit der Arbeitsvorbereitung und Fertigung
    O   gemeinsam mit der EDV - Organisation
    O   Einschaltung externer Berater
    O   Mitwirkung des Herstellers

    O   durch ....

FRAGEBOGEN − zur Einfuehrung von CAD/CAM-Systemen   Seite 6
----

19. Welche Arbeiten werden derzeit mit Ihrem CAD-System durchgefuehrt ?

    O   2D Zeichnungserstellung und -aenderung
    O   3D Volumen, Koerper, Oberflaechen
    O   Variantenkonstruktion
    O   Berechnungen
    O   NC-Schnittstelle
    O   Bewegungssimulation
    O   Stuecklistenerstellung

    O   ....

20. Welche Arbeiten werden in Zukunft mit Ihrem CAD-System durchgefuehrt ?

    O   2D Zeichnungserstellung und -aenderung
    O   3D Volumen, Koerper, Oberflaechen
    O   Variantenkonstruktion
    O   Berechnungen
    O   NC-Schnittstelle
    O   Bewegungssimulation
    O   Stuecklistenerstellung

    O   ....

21. Hoehe des (geplanten) Investitionsvolumens ?
    (Hardware, Software, Beratung und Ausbildung)

    O   bis   500.000.- OeS
    O   zwischen 500.000.- und 1 Million OeS
    O   zwischen 1 Million und 3 Millionen OeS
    O   ueber   3 Millionen OeS

22. Wenn Sie die Frage 15 mit 'nein' beantwortet haben, ersuche ich Sie um naehere Erlaeuterung.

    ....
    ....
    ....
    ....
    ....

FRAGEBOGEN - zur Einfuehrung von CAD/CAM-Systemen   Seite 7

VI. Organisatorisches

23. Die Diplomarbeit soll mit Fallstudien aus der Praxis belegt werden. Dazu waere es erforderlich detailiertere Auskuenfte von Betrieben, die CAD/CAM-Systeme eingefuehrt haben, die Einfuehrung planen oder derzeit vornehmen, zu erhalten.

    Waere Ihr Unternehmen zu weiteren Informationen, die selbstverstaendlich anonym behandelt werden wuerden, bereit ?

    O ja

    Bitte geben Sie zur Kontaktaufnahme Ihre Anschrift bekannt.

    Firma: . . . .

    Anschrift: . . . .

                    . . . .

    Kontaktperson: . . . .

    O nein

Ich danke Ihnen fuer Ihre Muehe und ersuche um Ruecksendung des Fragebogens an:

   Peter Derl

   Stuckgasse 8/7-8

   A-1070 Wien

   Tel. 0222 / 85 05 559   oder
                  93 70 072

4.2 Ergebnisse der Befragung

Bei der Interpretation der Befragungsergebnisse muß beachtet werden, daß die Auswertung mehrheitlich mittlere und größere Betriebe beinhaltet und damit im Gegensatz zur Betriebsgrößenstruktur Österreichs steht (siehe Abb. 68).

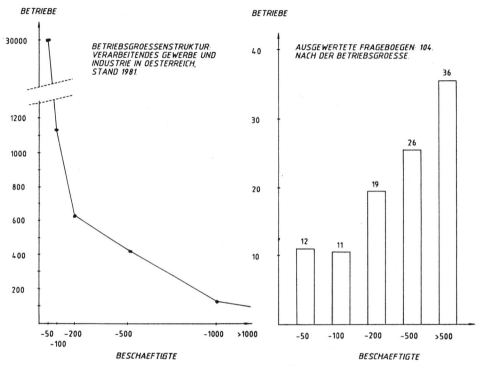

Abb. 68: Betriebsgrößenstruktur in Österreich [165]

4.2.1 CAD-Struktur [166] nach Unternehmensmerkmalen

In diesem Abschnitt werden die Antworten der Fragen 1 bis 11 der CAD-Struktur gegenübergestellt. Die Antworten der Fragen 3 und 4 (Umsatz, Exportanteil) korrellierten wie erwartet mit den Antworten zur Frage 2 (Beschäftigte), weshalb auf die Darstellung der Ergebnisse zu beiden Fragen an dieser Stelle verzichtet wird. Sämtliche Befragungsergebnisse können im Anhang ab Seite 159 nachgelesen werden.

Die CAD-Struktur weicht in den einzelnen Wirtschaftszweigen signifikant (α = 0,05) [167] voneinander ab (Abb. 69). In den Ergebnissen sind die metallverarbeitenden Betriebe am stärksten vertreten. 11 Betriebe setzen CAD ein, 19 planen den Einsatz,

---

[165] Daten aus: Österreichisches Statistisches Zentralamt (Arbeitsstättenstatistik), S. 426.
[166] Unter CAD-Struktur soll die Unterteilung der Ergebnisse nach den Antworten „nicht sinnvoll", „zu teuer", „geplant" und „ja seit ..." verstanden werden (vgl. Frage 15 des Fragebogens).
[167] Die Ergebnisse wurden mittels Chi-Quadrat-Test auf signifikante Abhängigkeiten getestet.

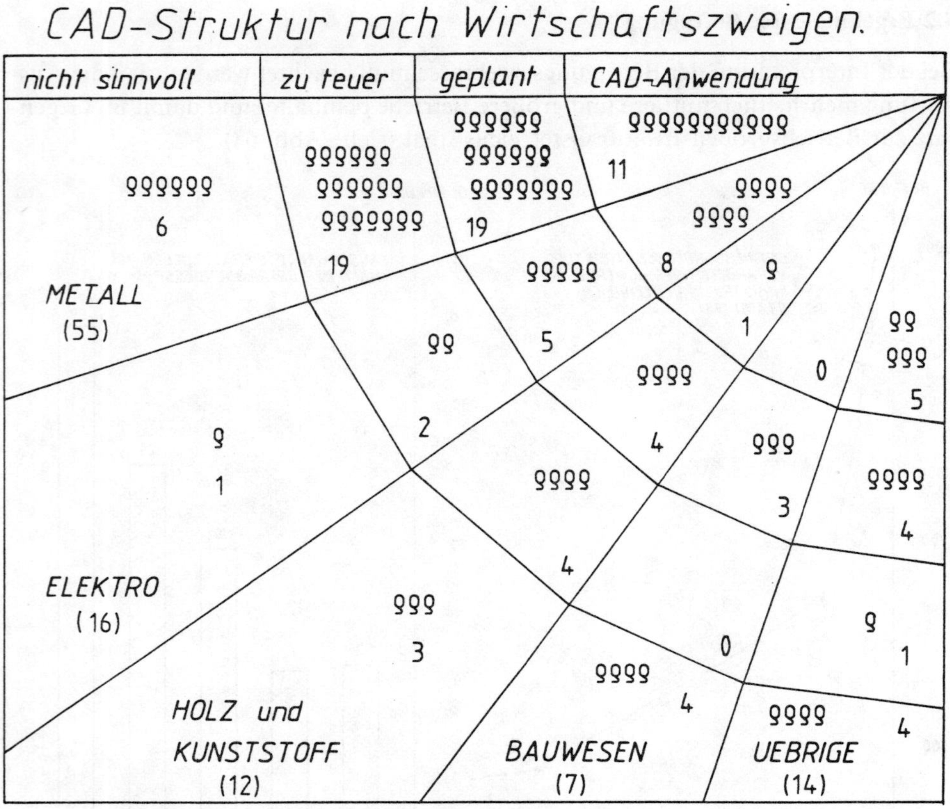

CAD-Struktur nach Wirtschaftszweigen.

	nicht sinnvoll	zu teuer	geplant	CAD-Anwendung
METALL (55)	6	19	19	11
ELEKTRO (16)	1	2	5	8
HOLZ und KUNSTSTOFF (12)		3	4	5
BAUWESEN (7)			3	4
UEBRIGE (14)			5	4

Abb. 69: CAD-Struktur nach Wirtschaftszweigen

für 19 ist CAD (noch) zu teuer und 6 Betriebe sehen keine sinnvolle Anwendungsmöglichkeit. Den relativ größten Anteil an CAD-Anwendern (50% = 8 von 16) weist die Elektrobranche auf. An der Schwelle zur Einführung scheinen die Holz- und Kunststoffverarbeiter zu stehen. Im Bauwesen sind es vor allem kleinere Betriebe, die keine sinnvolle Anwendungsmöglichkeiten für CAD sehen (dies ist aus Abbildung 69 nicht ersichtlich). Die Unternehmen der übrigen Wirtschaftszweige setzen sich aus den Bereichen Bergbau, Chemie und Dienstleistungen zusammen, wobei besonders die Chemiebetriebe für ihre Anlagenplanung bereits CAD-Systeme einsetzen.

Wie erwartet ist der Einsatz von CAD-Systemen signifikant ($\alpha = 0,01$) von der Betriebsgröße, gemessen an der Beschäftigtenzahl, abhängig (Abb. 70). Die Abbildung zeigt z.B., daß nur 9% der Betriebe mit 51 bis 100 Beschäftigten ein CAD-System einsetzen, 18% den Einsatz planen, 55% CAD (noch) für zu teuer und nur 18% den Einsatz für nicht sinnvoll einschätzen.

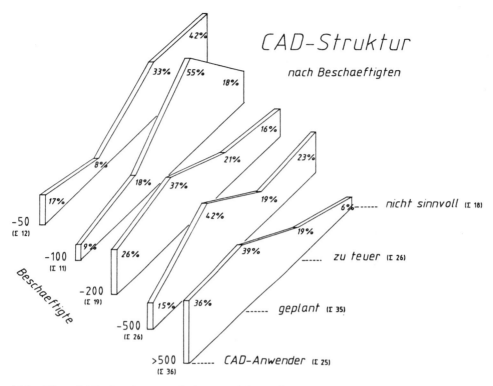

Abb. 70: CAD-Struktur nach der Betriebsgröße

Die Fertigung erfolgt vorwiegend als:

— Einzelfertigung — auftragsbezogen in	55 Betrieben
— Serienfertigung in	39 Betrieben
— Massenfertigung in	8 Betrieben
— keine Fertigung in	2 Betrieben

wobei keine signifikanten Unterschiede zur CAD-Struktur festgestellt werden konnten.[168]

36 Unternehmen verstehen sich als Zulieferfirma
80 als Finalbetrieb, wobei 12 Doppelnennungen enthalten sind.

Anteilsmäßig sind mehr Zulieferer als Finalbetriebe, die eine Einführung von CAD planen (39% gegenüber 33%) oder CAD bereits eingeführt haben (33% gegenüber 24%), in den Ergebnissen enthalten.[169]

Die Vermutung, daß die CAD-Struktur mit dem Abhängigkeitsverhältnis des Unternehmens korreliert, konnte nicht bestätigt werden. Allerdings wird darauf hingewiesen, daß 3 der Tochterunternehmen einer ausländischen Muttergesellschaft als

---

[168] Vgl. die Zeilen 148—150 im Anhang, S. 160.
[169] Vgl. die Zeilen 152—153 im Anhang, S. 160.

Grund gegen eine CAD-Einführung die fehlende Entwicklung und Konstruktion beim Tochterunternehmen anführten.[170]

Das Jahr der Betriebsgründung (Frage 9) wurde nicht ausgewertet.

In Frage 10 wurden die Unternehmen ersucht, ihre bedeutendsten Änderungen bei der Auftragsabwicklung in den letzten 10 Jahren anzugeben (siehe Abb. 71).

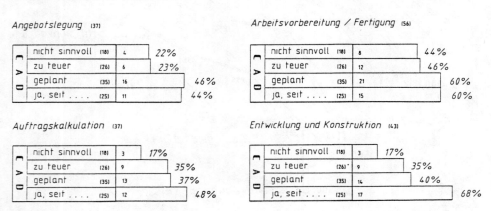

Abb. 71: Gegenüberstellung der CAD-Struktur und der bedeutendsten Änderungen in den letzten 10 Jahren

Tendenziell nahmen jene Unternehmen, die eine CAD-Einführung planen oder CAD bereits einsetzen, häufiger Änderungen in den angeführten Bereichen vor. Am häufigsten wurden dabei die Einführungen der EDV und der Einsatz von NC-Maschinen als Ursache dieser Änderung genannt.

Durch die Gegenüberstellung der Fragen 6 und 11 wurden Veränderungen der Produktpalette ermittelt. Wie vermutet, hat sich die Produktstruktur bei 53 Unternehmen geändert; in 33 Fällen konnten, abgesehen von geringen Abweichungen, keine Veränderungen festgestellt werden. Bei 18 Fragebögen fehlten geeignete Angaben zur Produktpalette. Es konnte kein Zusammenhang mit der CAD-Struktur hergestellt werden.[171] Die ebenfalls erhobenen Produktarten und -varianten wurden nicht ausgewertet und dienten ausschließlich dazu, eine grobe Vorstellung vom Unternehmen zu erhalten.

---

[170] Vgl. die Zeilen 155—157 im Anhang, S. 160.
[171] Vgl. die Zeilen 252—254 im Anhang, S. 162.

4.2.2 Gründe für und gegen CAD/CAM

Die ca. 200 Unternehmen, bei denen der Verfasser die Rücksendung des Fragebogens telefonisch urgierte, wurden über die Einführung von CAD/CAM befragt. Über 90% der Gesprächspartner gaben an, daß sie weder über ein CAD/CAM-System verfügen noch die Einführung in absehbarer Zeit planen.

Es wurden die im folgenden nach der Anzahl (Mehrfachnennungen) angeführten Gründe gegen eine Einführung von CAD/CAM genannt:

- 63 Zeitmangel, um sich über CAD/CAM näher zu informieren
- 58 CAD-Systeme und CAD-Spezialisten sind derzeit noch zu teuer
- 49 Der Betrieb ist für eine CAD-Anwendung zu klein
- 47 Der CAD-Markt ist zu unübersichtlich; zudem scheinen die Systeme noch nicht ausgereift zu sein
- 19 Vor der eigenen Einführung sollen Erfahrungen anderer Betriebe abgewartet werden
- 17 Unseriosität vieler Anbieter, die in erster Linie am Verkauf interessiert sind
- 8 Die eigene Organisation ist noch nicht CAD-reif.

In der schriftlichen Befragung wurde in Frage 22 ebenfalls um eine kurze Erläuterung gebeten, warum der Einsatz eines CAD-Systems (noch) nicht beabsichtigt ist. Die von den Unternehmen angeführten Gründe sind aus Abbildung 72 ersichtlich.

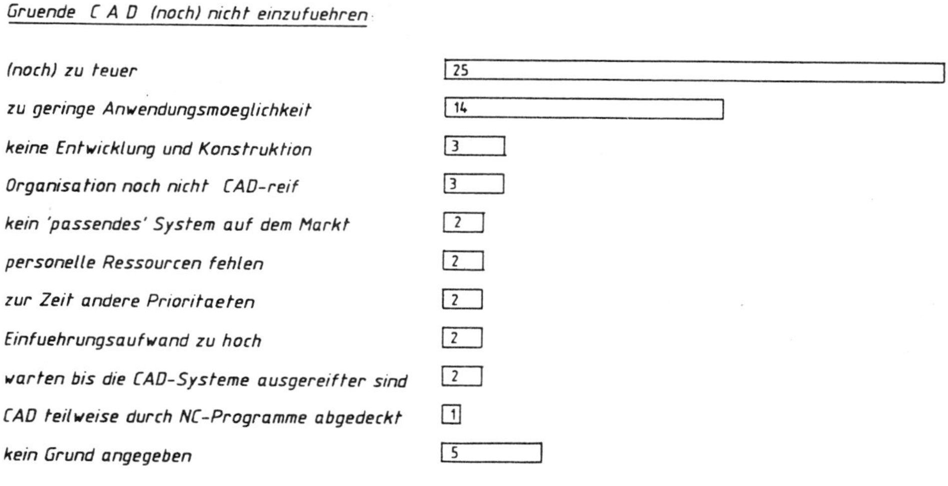

Gruende C A D (noch) nicht einzufuehren

Grund	Anzahl
(noch) zu teuer	25
zu geringe Anwendungsmoeglichkeit	14
keine Entwicklung und Konstruktion	3
Organisation noch nicht CAD-reif	3
kein 'passendes' System auf dem Markt	2
personelle Ressourcen fehlen	2
zur Zeit andere Prioritaeten	2
Einfuehrungsaufwand zu hoch	2
warten bis die CAD-Systeme ausgereifter sind	2
CAD teilweise durch NC-Programme abgedeckt	1
kein Grund angegeben	5

Abb. 72: Gründe, CAD (noch) nicht einzuführen

Eine Gegenüberstellung der telefonisch genannten mit den in der Befragung angeführten Gründen legt die Vermutung nahe, daß die Antwort, CAD sei noch zu teuer, teilweise als Schutzbehauptung aufgefaßt werden kann.

Nach den Gründen gegen eine Einführung werden anschließend die Gründe für die Einführung von CAD, getrennt nach Unternehmen, die den Einsatz von CAD planen, und jenen, die CAD bereits einsetzen, dargestellt (Abb. 73).

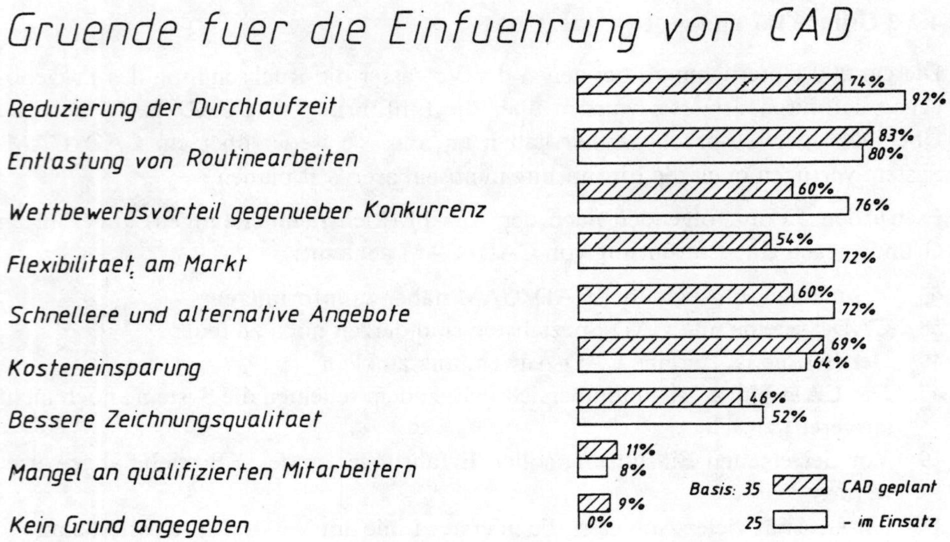

Gruende fuer die Einfuehrung von CAD

Grund	CAD geplant	im Einsatz
Reduzierung der Durchlaufzeit	74%	92%
Entlastung von Routinearbeiten	83%	80%
Wettbewerbsvorteil gegenueber Konkurrenz	60%	76%
Flexibilitaet am Markt	54%	72%
Schnellere und alternative Angebote	60%	72%
Kosteneinsparung	69%	64%
Bessere Zeichnungsqualitaet	46%	52%
Mangel an qualifizierten Mitarbeitern	11%	8%
Kein Grund angegeben	9%	0%

Basis: 35 CAD geplant / 25 - im Einsatz

Abb. 73: Gründe für die Einführung von CAD

4.2.3 Struktur der geplanten und verwendeten CAD/CAM-Systeme

In diesem Abschnitt werden die 35 Unternehmen, die eine Einführung von CAD planen, jenen 25 Unternehmen, die CAD bereits einsetzen, gegenübergestellt.

Zunächst wird dargestellt, welche Stelle mit der Einführung betraut wurde (Abb. 74).

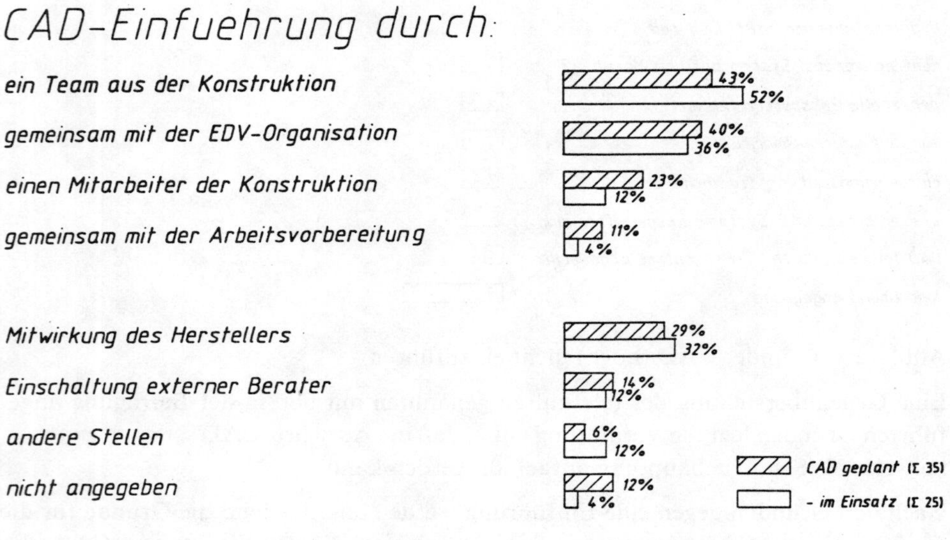

CAD-Einfuehrung durch:

Stelle	CAD geplant (∑ 35)	im Einsatz (∑ 25)
ein Team aus der Konstruktion	43%	52%
gemeinsam mit der EDV-Organisation	40%	36%
einen Mitarbeiter der Konstruktion	23%	12%
gemeinsam mit der Arbeitsvorbereitung	11%	4%
Mitwirkung des Herstellers	29%	32%
Einschaltung externer Berater	14%	12%
andere Stellen	6%	12%
nicht angegeben	12%	4%

Abb. 74: CAD-Einführungsteam

Auffallend dabei ist die geringe Beteiligung der Arbeitsvorbereitung. Die Mitwirkung des Herstellers wurde nur in 10 bzw. 8 Betrieben genannt; externe Berater werden überhaupt nur in 5 bzw. 3 Fällen eingeschaltet.

Die geplanten und verwendeten CAD-Systeme werden in Abbildung 75 gezeigt, wobei die Struktur der geplanten CAD-Systeme von der der verwendeten kaum abweicht.[172]

Geplante und verwendete C A D - Systeme

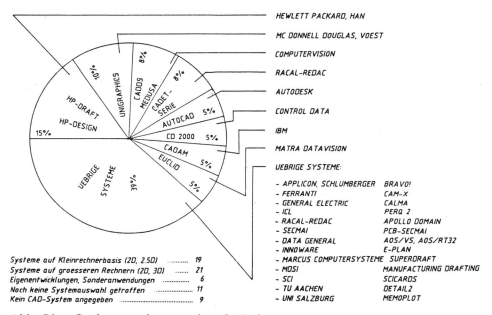

Abb. 75: Geplante und verwendete CAD-Systeme

Nach diesen Ergebnissen liegen Systeme von Hewlett Packard, die auch von der Firma HAN-Engineering vertrieben werden, mit 15% an erster Stelle. Das Verhältnis zwischen kleineren und größeren CAD-Systemen ist in etwa ausgeglichen. Erwähnenswert scheint, daß ähnlich strukturierte Betriebe zu gänzlich unterschiedlichen Vorstellungen in bezug auf das CAD-System kamen (nicht aus Abbildung 75 ersichtlich). Das Spektrum der geplanten und verwendeten Systeme reicht vom einfachen „nur" Zeichensystem bis zum universell verwendbaren Großsystem, dessen Module alle 5 Aufbaustufen von CAD/CAM-Systemen abdecken können.[173]

Der Grund für die Unterschiede der geplanten und getätigten Investitionen (Abb. 76) könnte entweder in der Erwartung billiger Systeme oder einfach in der Nichtberücksichtigung oder Unterschätzung der übrigen Kostenpositionen zu suchen sein.

---

[172] Vgl. die nach geplanten und eingesetzten Systemen getrennte Übersicht im Anhang, S. 164.
[173] Vgl. Abbildung 34, S. 50.

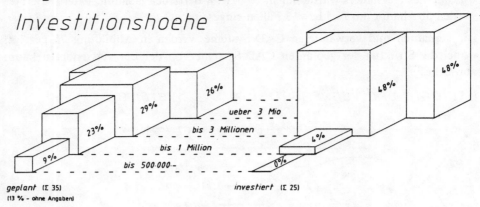

Abb. 76:   Gegenüberstellung der (geplanten) Investitionshöhen

An den geplanten und verwendeten Systemfunktionen wird die unterschiedliche Nutzung von CAD-Systemen deutlich (Tab. 6). Jene Unternehmen, die eine Einführung planen, beabsichtigen in etwa auf dem Stand einzusteigen, den die CAD-Anwender mittlerweile erreicht haben.

Rang	CAD - Systemfunktion	geplant %	eingesetzt %
1.	2D Zeichnungserstellung und -aenderung	83	96
2.	Variantenkonstruktion	69	60
3.	Stuecklistenerstellung	54	48
4.	Berechnungen	51	44
5.	NC-Schnittstelle	40	32
6.	3D Volumen, Koerper, Oberflaechen	29	36
7.	Bewegungssimulation	9	8
-	Sonstiges (u.a. im Elektronikbereich)	14	44
-	Nicht angegeben	14	-

Tab. 6:   CAD-Systemfunktionen

Aus den Fragebögen geht hervor, daß bei Großsystemen, die (fast) alle Funktionen abdecken können, dennoch vielfach erst einzelne Funktionen (z.B. Zeichnungserstellung) genützt werden. Deutlich wird der Entwicklungsaspekt dieser Technologie durch Tabelle 7, in der die zukünftig verwendeten Systemfunktionen angeführt werden.

Rang	Funktionen in Zukunft	Veraenderung %	gesamt %
1.	2D Zeichnungserstellung und -aenderung	-	96
2.	Stuecklistenerstellung	+ 75	84
3.	Variantenkonstruktion	+ 40	84
4.	3D-Volumen, Koerper, Oberflaechen	+ 78	64
5.	Berechnungen	+ 45	64
6.	NC-Schnittstelle	+ 88	60
7.	Bewegungssimulation	+ 400	32
-	Sonstiges (u.a. im Elektronikbereich)	-	46

Tab. 7: CAD-Funktionen in Zukunft

Abbildung 77 zeigt die geplanten, verwendeten und in Zukunft vorgesehenen Systemfunktionen, gegliedert nach den 5 Ausbaustufen von CAD/CAM-Systemen.

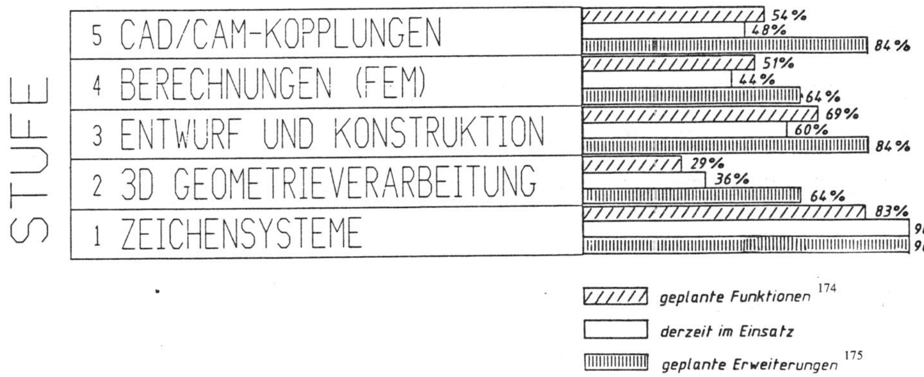

STUFE
5 CAD/CAM-KOPPLUNGEN — 54% / 48% / 84%
4 BERECHNUNGEN (FEM) — 51% / 44% / 64%
3 ENTWURF UND KONSTRUKTION — 69% / 60% / 84%
2 3D GEOMETRIEVERARBEITUNG — 29% / 36% / 64%
1 ZEICHENSYSTEME — 83% / 96% / 96%

▨ geplante Funktionen [174]
☐ derzeit im Einsatz
▥ geplante Erweiterungen [175]

Abb. 77: CAD-Funktionen nach Ausbaustufen

Aus Tabelle 7 und Abbildung 77 wird die Entwicklung der Technologie von einfachen Zeichensystemen in Richtung integrierter CAD/CAM-Systeme deutlich. Damit dürfte ein großer Schritt auf dem Weg zu umfassenden CIM[176]-Konzepten zurückgelegt werden. Die Voraussetzungen dafür müssen in allen betroffenen Bereichen geschaffen werden.

Wie Abbildung 78 zeigt, werden parallel zu CAD auch in der Fertigung ständig neue Technologien eingeführt. Die Einführung von NC-Maschinen war der Beginn dieser Entwicklung, die mit CAD und in Zukunft verstärkt mit dem Einsatz der Industrieroboter fortgesetzt wird.

---

[174] Funktionen jener Unternehmen, die eine Einführung von CAD planen.
[175] Geplante Erweiterungen in Unternehmen, die CAD/CAM-Systeme bereits einsetzen.
[176] CIM: **C**omputer **I**ntegrated **M**anufacturing.

Gegenueberstellung von CAD, NC und HHG nach dem
(geplanten) Einfuehrungsjahr
Betriebe
CAD-Einfuehrung
0
5
27
28
Einsatz von NC-Maschinen
26
17
17
3
Einsatz von Handhabungsgeraeten
4
11
9
10
-1979
-1982
-1985
-1988

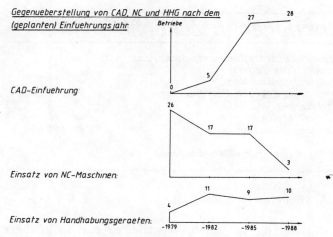

Abb. 78: Gegenüberstellung der Einführung von CAD, NC-Maschinen und Handhabungsgeräten (HHG)

Tendenziell beabsichtigen oder realisieren eher jene Unternehmen CAD, die NC-Maschinen oder Handhabungsgeräte einsetzen (Abb. 79).

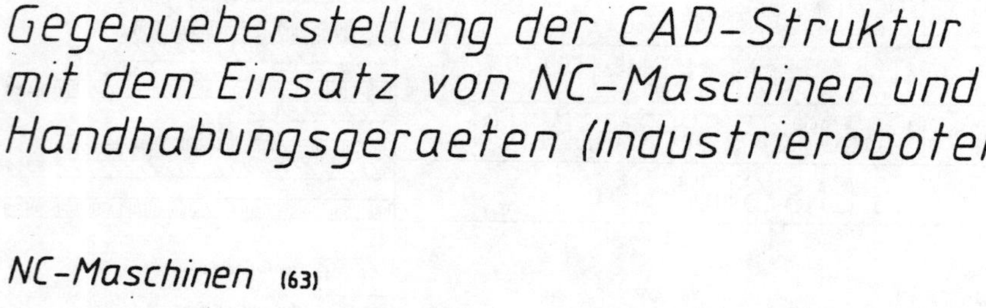

Gegenueberstellung der CAD-Struktur
mit dem Einsatz von NC-Maschinen und
Handhabungsgeraeten (Industrieroboter)
NC-Maschinen (63)
CAD
nicht sinnvoll (18) 6 33%
zu teuer (26) 14 54%
geplant (35) 26 74%
ja, seit . . . . (25) 17 68%
Handhabungsgeraete (25)
CAD
nicht sinnvoll (18) 2 11%
zu teuer (26) 5 19%
geplant (35) 10 29%
ja, seit . . . . (25) 8 32%

Abb. 79: Gegenüberstellung CAD-Struktur mit NC- und HHG-Einsatz

5 Fallstudien zur Einführung von CAD/CAM-Systemen

Im zweiten Halbjahr 1985 wurden vom Verfasser in 7 Unternehmen mehrerer Wirtschaftszweige Interviews zum Stand der Einführung von CAD/CAM durchgeführt. Die Auswahl der Unternehmen geschah mit der Absicht, möglichst kompetente und offene Gesprächspartner zu befragen. Diese waren die CAD/CAM-Verantwortlichen, in vier Fällen zusätzlich Mitarbeiter sowie in drei Fällen der Leiter der Konstruktionsabteilung.

Die Interviews erfolgten teilstrukturiert, den Fragekomplexen lag eine Checkliste zugrunde. Die Gesprächspartner standen dem Verfasser unterschiedlich lang (in einigen Fällen bis zu 3 halbe Tage) zur Verfügung, was zusammen mit dem Stand der Einführung den Umfang der Fallstudien bestimmte. Von der ursprünglichen Absicht, die Unternehmen namentlich in den Fallstudien anzuführen, wurde im Interesse eines höheren Aussagegehaltes abgegangen. Bei der Abstimmung der Inhalte mit einigen Befragten zeigte sich nämlich, daß hierdurch wesentliche, beim Interview getroffene Aussagen durch Dementis wieder verlorengegangen wären.

Die einzelnen Fallstudien wurden wie folgt gegliedert:

— Rahmendaten des Unternehmens unter weitestgehender Wahrung der Anonymität
— Zielsetzungen eines möglichen CAD/CAM-Einsatzes
— Anforderungen an ein CAD/CAM-System
— Systemauswahl und Einführung
— Anwendererfahrungen.

5.1 Fallstudie Unternehmen U1 — Sondermaschinen- und Anlagenbau

Das Unternehmen U1 ist ein Großunternehmen im Spezialmaschinen- und Anlagenbau mit über 1500 Mitarbeitern. Eigentümer sind ungefähr je zur Hälfte ein deutsches Unternehmen und eine österreichische Großbank. Das Unternehmen ist in mehreren Sparten aktiv; in einer Sparte ist U1 mit rd. 30% Marktanteil weltweit Marktführer. Die Exportquote liegt bei über 50% (Hauptabnehmer: COMECON, Mittlerer Osten). Mit gutem Auftragsstand (überwiegend Großaufträge, Einzelanfertigung) und 100% Kapazitätsauslastung der Produktion befindet sich U1 in einer positiven wirtschaftlichen Situation. Durch die unterschiedliche Produktstruktur ist U1 nach Sparten mit Zentralbereichen organisiert (Matrixorganisation). Die Initiative für CAD/CAM ging vom Topmanagement der deutschen Muttergesellschaft Anfang der achtziger Jahre aus. Die Gründe lagen im immer härteren Wettbewerb auf den Märkten, der immer höhere Qualität der Anlagen bei kürzeren Lieferzeiten verlangt. Die gute wirtschaftliche Lage ermöglichte umfassende Überlegungen zu einer integrierten rechnergestützten Auftragsabwicklung mit den Teilbereichen:

— zentrale Auftragsdatenbank (DIA-AL)
— CAD/CAM
— Auftragsplanung und -steuerung (APS)
— Arbeitsvorbereitung (AV)

Zielsetzungen

Durch die Einführung von CAD/CAM sollten folgende Ziele abgedeckt werden:
1. Zukunftssicherung des Unternehmens durch:
   — Kostensenkung in Konstruktion und Fertigung durch Standardisierung
   — Verkürzung der Durchlaufzeiten
   — Vermeidung von Fehlerquellen durch Zugriff auf bewährte Vorgänge
2. Sicherung des technischen Standards
   — Freisetzung der technischen Kapazität für Weiterentwicklung
   — Korrekte Unterlagen für Konstruktion, Fertigung und Abwicklung durch Standardisierung
   — Optimierung von technischen Lösungen durch raschere Verfügbarkeit von Konstruktionsvarianten
3. Verbesserung des Realisierungsgrades von Angeboten
   Verkürzung der Antwortzeiten auf Kundenanfragen und höherer Durchsatz von Offerten
4. Wirtschaftlichkeit in der Konstruktion durch Reduzierung von Routinen und Freispielen der Mitarbeiter für hochwertigere Aufgaben.

Um das vorgesehene Ziel zu erreichen und aus den am Markt angebotenen ca. 250 CAD-Systemen das für U1 geeignetste System auszuwählen, wurde ein Projektteam erstellt, welches sich aus je einem Mitarbeiter der technischen Bereiche (PA und TU), dem Normenbüro (NB), der Datenverarbeitung (DVO) und dem Angestelltenbetriebsrat (BRAN) zusammensetzte.

Die erste Aufgabe des Teams war, in den oben genannten Fachbereichen zu erheben, wie groß der durch ein CAD-System beeinflußbare Konstruktionsanteil ist.

Mittels einer Multimomentaufnahme ergab sich im Schnitt, daß 43% der Konstruktionstätigkeit durch ein CAD-System unterstützbar seien.

Abbildung 80 zeigt das Zusammenwirken der Teilbereiche im Zuge der Auftragsabwicklung. In dieser Fallstudie wird daraus der Teilbereich CAD/CAM dargestellt.

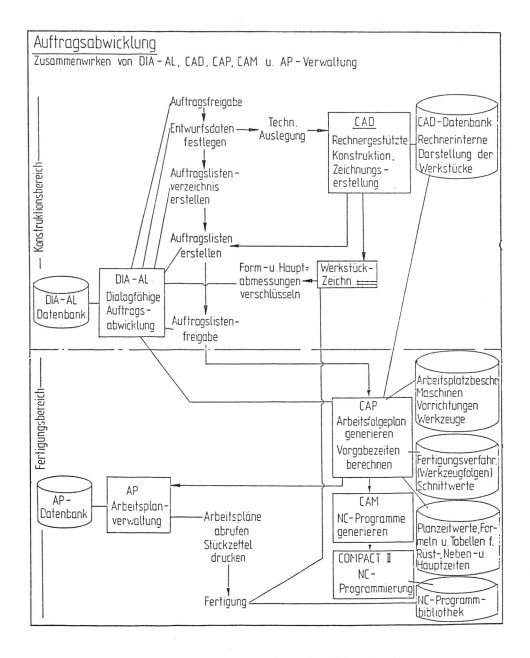

Abb. 80: Integrierte rechnergestützte Auftragsabwicklung bei U1

Anforderungskatalog

Dabei wurden für ein CAD/CAM-System (sehr anspruchsvolle) Anforderungen erarbeitet:

— CAD/CAM als Teil eines technischen Gesamtinformationssystems

— Geometrische Konstruktion von Flächen und Körpern

— Erstellung von Zeichnungen

— Technische Berechnungen, FE-Berechnungen

— Arbeitsplanerstellung und Kalkulation von Vorgabezeiten

— NC-Programmierung

— Werkstückgeometrie 3D Kanten-Modell
                           3D Flächen-Modell
                           3D Volumen-Modell
Genauigkeit mindestens 8 signifikante Stellen

— Ausblenden/Kennzeichnen verdeckter Kanten, halb- oder vollautomatisch

— Einfügbar in bestehende Ablauforganisation

— Kontrolle der Ergebnisse entsprechend heutigem System

— Gleiches Hard- und Softwaresystem für gleiche Aufgaben in allen Fachbereichen

— Hardware = Standardsystem eines namhaften Herstellers (Wartung, Ersatzteilversorgung, Systemsicherheit)

— Software = Programmpaket eines erfahrenen namhaften Softwarehauses (Erfahrung, Wartung, Pflege, Anpassung an geänderte technische und technologische Möglichkeiten)

Für die einzelnen Fachbereiche erschienen folgende Einsatzgebiete für eine CAD-Einführung als geeignet:

Fachbereich TU:

1. Reglerbau: Stromlaufpläne, Hydraulikpläne, Schaltpläne mit Überprüfung der Schaltlogik

2. KN-Teile: einfache räumliche Teile

3. Standardmaschinen

4. Geometrische Einzelprobleme
Konstruktion hydraulischer Flächen
Abwicklungen, Schnitte, Verschraubungen
Projektion in verschiedenen Ansichten

5. Technische Berechnungen
Generierung von Daten für FE-Berechnungen

Fachgebiet PA:

1. Auflösung von Schweißgruppenzeichen
   Stoffauflauf, Siebpartie, Pressenpartie
2. Rohrleitungen
   Isometrische Darstellung von Rohrleitungsplänen, Schaltpläne
3. Anlagenplanung
   Stoffaufbereitungsanlagen
4. Anpassung von Standardbaugruppen, Schaber, Rohrsauger, Kreiselpumpen
5. Anpassung an Kundenwünsche

Fachgebiet RIE:

1. Steuerpläne erstellen
2. Steuerschränke standardisieren

Fachgebiet NB:

1. Normblätter
2. Katalogblätter
3. Sicherheitsvorschriften
4. KN-Teile
5. Technische Bestell- und Liefervorschriften

Als Hauptanforderung an den Rechner wurden gestellt:

— Offenes System

— Wortlänge 32 bits

— Graphische Arbeitsplätze
   Rasterbildschirm mit 1024 × 1024 Punkten Auflösung

— Unterstützung weltweit
   für Hardware
   für Software

Systemauswahl

Aufgrund dieser generellen Anforderungen wurden 17 Firmen angeschrieben, die am europäischen Markt vertreten waren.

AGS / Applicon / Autotrol / Calma / CV / Contravas / CDC / Medusa / Ferranti / HP / IBM / Intergraph / Kongsberg / MATRA / Mc Auto / PE ANVIL 4000 / Siemens / Sperry

Die Aktivitäten zur Auswahl eines CAD/CAM-Systems für U1 erfolgte in folgenden Schritten:

Februar 1983:	Ausschreibung CAD/CAM-System eingegangen 17 Angebote
seit April 1983:	Auswertung und Überprüfung der Angebote
Oktober 1983:	Besuch der Systems 83, Testen der einzelnen angebotenen Systeme mit von den Fachabteilungen ausgearbeiteten Benchmarks. Klärung von noch offenen Punkten der Angebote. Test CAD-System Codem in München bei IBM und Steyr-Werke.
November 1983:	Test des CAD-Systems Unigraphics bei der VOEST Test des CAD-Systems Calma bei Elin Test des CAD-Systems Medusa bei Dr. Reinauer AGS, Wien XV Test des CAD-Systems CDC in Wien
Dezember 1983:	Erste Absagen an CAD-Anbieter, Feinauswahl, Punktebewertung Für engere Auswahl bleiben die CAD-Systeme CALMA, CDC, Intergraph, McAuto, Applicon
Jänner 1984 bis	Einengung der CAD-Systeme durch weitere Tests mit Benchmarks.
September 1984:	Zur letzten Auswahl bleiben CALMA, Intergraph.
September 1984:	Endgültige Freigabe der Verhandlungen zur Anschaffung eines CAD-Systems durch den Vorstand. Freigabe der Mittel zum Ausbau des Schulungscenters. Freistellung von je einem Mitarbeiter aus den Fachbereichen PA zu 100%, aus NB 2 Fachkräfte, einer zu 100%, einer zu 50%, aus RIE 50%, TU 50%. Einstellen eines Systemanalytikers als Hauptverantwortlichen. Erstellung von endgültigen Benchmarks, Vorbereitungsarbeiten für die Einführung, Berechnungsumstellung auf VAX 750.
November 1984:	Beginn der Adaptierungsarbeiten für das Schulungscenter. Endgültige Entscheidung für das CAD-System Intergraph. (Schnelleres System, höhere Rechnergenauigkeit, bessere Software, ergonomischere Arbeitsplätze mit 2 Farbbildschirmen, günstigeres Preisangebot.)
Dezember 1984:	Bestellung des CAD-Systems Intergraph.

Wie man sieht, hat man es sich beim Unternehmen U1 nicht leichtgemacht. Von der Ausschreibung im Februar 1983 bis zur endgültigen Entscheidung vergingen fast 2 Jahre intensiver Bemühungen, das richtige System zu finden. In dieser Zeit wurde auch erkannt, daß zumindest ein Mann benötigt wird, der neben guten Ingenieurkenntnissen, große technische Erfahrung und gute Programmier- und Hardwarekenntnisse in bezug auf CAD/CAM-Systeme aufweist. Dieser Mann, heute für CAD/CAM hauptverantwortlich und direkt dem technischen Vorstand unterstellt, wurde aus Deutschland, wo er nach seinem Studium entsprechende Kenntnisse erwerben konnte, in seine Heimat zurückgeholt. Anteil an der Entscheidung für Intergraph hatte auch, daß die Muttergesellschaft dieses System einsetzt, was den Datenaustausch erleichtert und der CAD/CAM-Verantwortliche bereits gute Erfahrungen damit machen konnte.

Einführung

Die weitere Vorbereitung der Einführung, deren Ausmaß durch den enormen Projektumfang bedingt war, fand wie folgt statt:

Dezember 1984 bis März 1985:
Weitere Vorbereitungsarbeiten für die Einführung.
Von Oktober 1984 bis zur Lieferung und Installation des CAD-Systems Ende März 1985 sind für
— Auswahl der Hardware
— Software, Entwicklung
— Ausbildung, Schulung
— Symbolbibliotheken für Schemata
— Stromlaufpläne
— Analyse der Normteile
— Zeichnungsverwaltung
— Standardteile
— Anpassungskonstruktion
— Variantenkonstruktion
— Berechnungsinterface
insgesamt 27 Mannmonate (MM) aufgewendet worden.
(PA — 6 MM, NB — 9 MM, RIE — 3 MM, TU — 3 MM, Systemanalytiker — 6 MM)
Auf die Auswahl der Hardware entfielen 7 MM.
Bei einem Kostensatz von S 380,00/h und von durchschnittlich 160 h/Monate entspricht dies an aufgelaufenen Kosten
S   425.000,00 für die Hardwareauswahl und von
S 1,216.000,00 für die übrigen Vorbereitungsarbeiten.

25. Februar 1985:
Fertigstellung des Schulungscenters
E-Installationen
Klimaanlage

1. März 1985:
Abnahme der Räumlichkeiten durch Firma Intergraph.

Nach dieser tabellarischen Auflistung von Vorbereitungsmaßnahmen werden im folgenden einige Aspekte daraus detaillierter dargestellt.

Im einzelnen waren vor der Einführung personelle, technische und organisatorische Erfordernisse zu erfüllen.

Personelle Erfordernisse

1. Ein Hauptverantwortlicher (Systemspezialist), der das System betreut, Programme entwickelt, Schulung der Mitarbeiter vornimmt, dem Koordinierungsaufgaben zwischen den einzelnen Sparten obliegen, der jedoch in den Konstruktionsprozeß eines technischen Büros nicht eingebunden ist.
2. Ein Verantwortlicher je Arbeitsplatz, der den Konstrukteuren Hilfestellung gibt.
3. Drei Konstrukteure je Arbeitsplatz.

Eine Funktionsbeschreibung mit Stellenanforderungen wurde festgelegt (siehe Tab. 8).

STELLE	FUNKTION	BEISPIEL	ANFORDERUNG PERSONAL
SYSTEMSPEZIALIST	AUFRECHTERHALTUNG DER PRINZIPIELLEN BETRIEBSBEREITSCHAFT DES CAD-SYSTEMS	WARTUNG DER HARD- UND SOFTWARE (BETRIEBSSYSTEM, SOFTWARE, ANWENDER-SOFTWARE) SYSTEMORGANISATION	GUTE INGENIEURKENNTNISSE, GROSSE TECHN.ERFAHRUNG GUTE PROGRAMMIER-U. HARDWAREKENNTNISSE
SYSTEMBETREUER	ENTWICKLUNG UND WARTUNG VON ANWENDUNGSORIENTIERTER CAD-SOFTWARE SYSTEMAUFBEREITUNG	MAKROERSTELLUNG VARIANTENPROGRAMMIERUNG NORMTEILDATEIERSTELLUNG	GROSSE ANWENDUNGSSPEZIFISCHE KONSTRUKTIONSERFAHRUNG, ERKENNEN VON ZUSAMMENHÄNGEN BEHERRSCHUNG DER BEFEHLE DES SYSTEMS GUTE PROGRAMMIERKENNTNISSE
ANWENDER (KONSTRUKTEUR)	AUSARBEITEN KONSTRUKTIVER LÖSUNGEN AUF BASIS DES AUFBEREITETEN SYSTEMS	ZEICHNUNGSERSTELLUNG STÜCKLISTENERSTELLUNG OPTIMIERUNGSBERECHNUNGEN	ANWENDUNGSSPEZIFISCHE KONSTRUKTIONSERFAHRUNG BEHERRSCHUNG DER BEFEHLE DES SYSTEMS FÜR DEN PRAKTISCHEN EINSATZ

Tab. 8: Anforderungen an das CAD/CAM-Personal bei U1

Die dafür vorgesehenen Mitarbeiter wurden von den Abteilungsleitern der einzelnen Konstruktionsabteilungen im Einvernehmen mit dem CAD/CAM-Verantwortlichen nominiert. Die Auswahl erfolgte fast ausschließlich abhängig vom Interesse der Mitarbeiter auf freiwilliger Basis.

Einrichtung Schulungscenter

Der Aufbau des Schulungscenters ist aus Abb. 81 ersichtlich. Das Schulungscenter wird in der 1. Phase der Einführung des CAD-Systems für folgende Maßnahmen eingesetzt:

1. Die später in den technischen Büros für den Arbeitsplatz Verantwortlichen auf den Arbeitsplatz zu schulen.
2. Softwareentwicklung zu betreiben.
3. Schulung von Mitarbeitern, die später an den Arbeitsplätzen im technischen Büro arbeiten.

Organisation

1. Alle mit dem Rechnerbetrieb sowie der Programm- und Dateierstellung (Softwareentwicklung und Softwarepflege) zusammenhängenden Kompetenzen werden dem Systemspezialisten übertragen, der auch auf dem CAD-Sektor die Koordination innerhalb und außerhalb des Unternehmens wahrnimmt. Ferner obliegt ihm, im Einvernehmen mit DVO, die Wartung der Hard- und Software sowie die Systemorganisation.
2. Die Organisation und Führung der Arbeitsplätze selbst übernimmt die jeweilige Sparte in Abstimmung mit der Abteilung DVO und dem Systemspezialisten.
3. Für die Installation und den Ausbau der CAD-Hardwarekomponenten übernimmt die Abteilung DVO die Federführung.

Die von der Sparte delegierten und anwendungsspezifisch eingeschulten Systemberater stellen den Kontakt zum Systemanwender, dem Konstrukteur, her, sorgen für eine anwendungsorientierte Entwicklung und Wartung der Softwareprodukte sowie Wahrnehmung und Umsetzung produktspezifischer Anforderungen an das System, beispielsweise durch Makroerstellung, Variantenprogrammierung und Normteiledateierstellung.

Nach Einarbeitung und sicherer Handhabung des Systems wechseln die Arbeitsplätze ihren Standort vom Schulungszentrum in die Konstruktionsabteilung. Sollten in der Folge weitere Arbeitsplätze hinzukommen, bietet sich aus Gründen der leichteren Organisation und Handhabung eine Poolbildung innerhalb des betreffenden Konstruktionsbereiches an. Für Plotter und Drucker sind abgetrennte Räumlichkeiten vorzusehen, um die Geräuschbelästigung möglichst auszuschalten.

Entscheidende Bedeutung für die inhaltliche Gestaltung des CAD-Systems und seines Anwendungsnutzens kommt der Teilestandardisierung sowie dem raschen Dateiaufbau zu. Es muß danach getrachtet werden, möglichst rasch Wiederholungsvorgänge mit Variationsmöglichkeiten einzuspeichern, um frühzeitig die praktische Nutzanwendung des Systems sicherzustellen.

Die beiden folgenden Übersichten zeigen das Engagement der Unternehmensleitung. Das Management der Konstruktion wurde über die Bedeutung der Einführung unterrichtet (Tab. 9).

> **ANFORDERUNGEN AN DAS MANAGEMENT DER KONSTRUKTION**
>
> - CAD-EINFÜHRUNG IST EINE UNTERNEHMERISCHE ENTSCHEIDUNG
>
> - KEINE KURZFRISTIGE RATIONALISIERUNGSMASSNAHME
>
> - BEI SINNVOLLEM EINSATZ ZUKUNFTSICHERUNG DES UNTERNEHMENS

Tab. 9:   Bedeutung der Einführung bei U1

Gleichzeitig wurden dem gleichen Personenkreis Verhaltensregeln „nahegelegt" (Tab. 10).

CAD

ANFORDERUNGEN AN DAS MANAGEMENT DER KONSTRUKTION

- NICHT IN EUPHORIE AUSBRECHEN, CAD NICHT ÜBERBEWERTEN, ALS HILFSMITTEL ZUR RATIONALISIERUNG ANSEHEN

- NICHT ABLEHNEN, SONDERN OBJEKTIV DIE MÖGLICHKEITEN BETRACHTEN

- AM ANFANG DEN ERWARTUNGSHORIZONT NICHT ZU GROSS SEHEN, CAD BENÖTIGT LERNZEIT

- MIT DEN PROBLEMEN VERTRAUT MACHEN, ALTE ZÖPFE ABSCHNEIDEN UND AUCH EVTL. EINE ANDERE ORGANISATIONSFORM AKZEPTIEREN

- DIE ARBEITEN VOLL UNTERSTÜTZEN, AUCH BEI EVTL. ANFÄNGLICHEN MISSERFOLGEN

- FREIGABE QUALIFIZIERTES PERSONAL

- DIE GESAMTHEIT DER FIRMA SEHEN, NICHT NUR DIE EIGENE ABTEILUNG

- SICH AUSBILDEN LASSEN, DEN UMGANG MIT DEM CAD SYSTEM ÜBEN

- MIT CAD EINSATZ IDENTIFIZIEREN

- BEI DER EINFÜHRUNG PERSÖNLICH ENGAGIEREN

Tab. 10:   Verhaltensregeln für CAD/CAM bei U1

Man war sich auch der notwendigen Vorbereitungsmaßnahmen bewußt (Tab. 11).

CAD

MASSNAHMEN ZUR VORBEREITUNG DER EINFÜHRUNG

- TEILESPEKTRUM AUF CAD-ANWENDUNGSMÖGLICHKEITEN UNTERSUCHEN
- SCHWERPUNKTE ERMITTELN
- STANDARDISIERUNG UND NORMUNGSMÖGLICHKEITEN ÜBERPRÜFEN
- EINHEITLICHE SYMBOLE FÜR SCHEMATA UND ZEICHNUNGEN FESTLEGEN
- SCHULUNG GEEIGNETER MITARBEITER
- KLASSIFIZIERUNGSSYSTEME ALS SUCHSYSTEME AUFBAUEN
- ERSTELLEN VON CAD-SPEZIFISCHEN KONSTRUKTIONS-RICHTLINIEN
- STANDORTE UND EINSATZPLANUNG FESTLEGEN
- BERECHNUNGSPROGRAMME VORSEHEN UND VORBEREITEN
- ABSTIMMUNG MIT VH-FACHBEREICHEN
- INTEGRATION ZU ANDEREN UNTERNEHMENSBEREICHEN ERMÖGLICHEN
    - PROJEKTIERUNG
    - NC-PROGRAMMIERUNG
    - ARBEITSVORBEREITUNG
    - QUALITÄTSWESEN

Tab. 11: Maßnahmen zur Vorbereitung der Einführung bei U1

Die Installation der Hardware erfolgt in 2 Stufen. Die erste Ausbaustufe (Abb. 81) wurde am 4. April 1985 in Betrieb genommen.

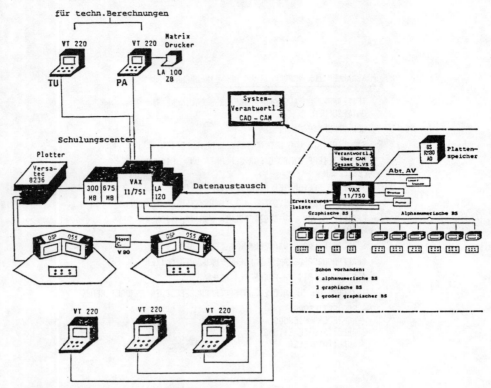

Abb. 81:   Hardwarekonfiguration der 1. Ausbaustufe bei U1

Im einzelnen umfaßt diese 1. Ausbaustufe folgende Hard- und Software:

Hardware

— VAX 11/751 CPU 125ips 4MB
  incl. Konsoldrucker
  INTERBUS SUBSYSTEM
  INTERBUS GRAPHICS PROCESSOR
  STORAGE MODULE CONTROLLER
  UNIBUS INTERFACE
  UNIBUS COMMUNICATION PROCESSOR

— 2 Stk. 300 MB WECHSELPLATTENSPEICHER

— VERSATEC PRINTER/PLOTTER incl. BURC

— 2 Stk. INTERACT FARBARBEITSPLÄTZE incl. HARDCOPY-EINRICHTUNG

— 9 VT TERMINAL

— 5 LA 100 KONSOLDRUCKER

Software
- VAX VMS BETRIEBSSYSTEM
- FORTRAN 77 COMPILER
- IGDS INTERGRAPH GRAPHIC DESIGN SYSTEM (BASISGRAPHICPAKET)
- DMRS DATA MANAGEMENT & RETRIEVAL SYSTEM (DATENBANK)
- MECHANICAL DESIGN (BASISPAKET MECHAN. KONSTRUKTION)
- SCULPTURED SURFACE DESIGN (FREIFORMFLÄCHEN)
- PARADISE (VARIANTENKONSTRUKTION)
- FINITE ELEMENT MODELING SYSTEM (FINITE ELEMENTE NETZGENERATOR)
- STRUCTURAL ANALYSIS POST PROCESSING (FINITE ELEMENTE POSTPROCESSOR)
- NUMERICAL CONTROL PARTS PROGRAMMING SYSTEMS (CAM INTERFACE)
- NUMERICAL CONTROL/APT AND COMPACT II INTERFACE (CAM INTERFACE)

Zum Zeitpunkt der Erhebung im August und September 1985 war die Einführung der 1. Stufe abgeschlossen und man ging bereits daran, die Inbetriebnahme der 2. Ausbaustufe vorzubereiten.

Die 2. Ausbaustufe (Abb. 82) wird dann im Spätherbst 1985 in Angriff genommen und voraussichtlich im Frühjahr 1986 abgeschlossen sein.

Trotz des bisher schon gewaltigen Investitionsaufwandes (weit jenseits von 10 Millionen öS) stellen die derzeitigen Aktivitäten nur den Anfang dar; nach Abschluß der Einführungsphasen 1 und 2 ist mit Anfang 1986 die weitere Integration von CAD-Arbeitsplätzen in den technischen Büros geplant.

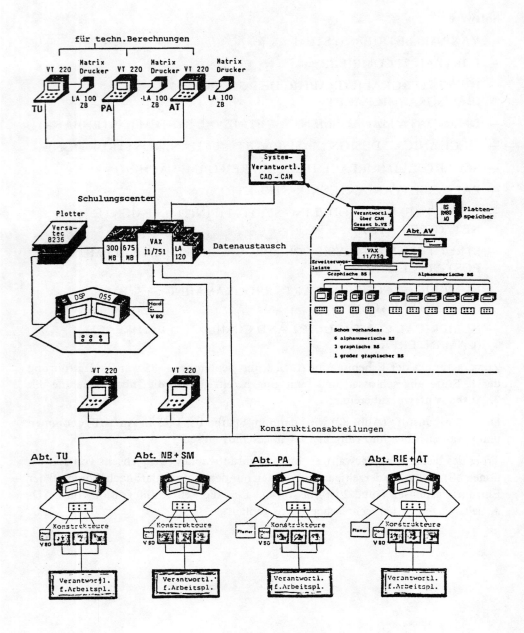

Abb. 82: Hardwarekonfiguration der 2. Ausbaustufe bei U1

Systemausbau

Dem weiteren CAD/CAM-Ausbau liegt folgende Einführungsstrategie zugrunde:

1. Hardware:
   - Verbindung der einzelnen Konstruktionsbüros mit einem leistungsfähigen LAN (LOCAL AREA NETWORK) wie z.B. ETHERNET
   - Dezentrale Installation von leistungsfähigen Knotenrechnern auf der Basis der derzeit im Preis/Leistungsverhältnis optimalen MICRO VAX II von DEC
   - Verwendung der installierten VAX 751 zur Verwaltung der auf Platte befindlichen Zeichnungsdaten und Datenbanken
   - Einbinden der derzeit in der AV installierten VAX 750 (NC-Programmierung) in das LAN zur direkten Kopplung CAD/CAM und dem damit verbundenen Datentransfer.

Damit wird in den nächsten Jahren ein Endausbau von ca. 25 Bildschirmarbeitsplätzen möglich.

Diese Netzwerkphilosophie bietet folgende Vorteile:

- Sicherheit bei Ausfall einer CPU durch die Möglichkeit des Durchschaltens auf einen anderen Knotenrechner bzw. auf den HOST-Rechner
- Kostengünstigerer Schritt für Teilausbau durch sukzessive Kapazitätserhöhung mittels MICRO VAX II (Preis beträgt 1/3 der VAX 751)

2. Software
   - Erweiterung der Basissoftware für die mechanische Konstruktion durch „interactive SOLID MODELING" (3D-Volumenmodelle)
   - Softwareentwicklung in allen eingangs angeführten Gebieten im Umfang von 54 MM/Jahr (drei Systembetreuer 100%, drei Systembetreuer 50%).

Anwendererfahrungen

- Die Erwartungen an Hard- und Software wurden erfüllt.
- Der Vorteil eines Systems „aus einer Hand" wurde herausgestrichen.
- Die Erwartungen, die in künftige (hausinterne) CAD/CAM-Betreuer gesetzt werden, sind zum Teil übertroffen worden.
- Einige dieser Mitarbeiter erlernten den Umfang mit dem System erstaunlich schnell und erstellen bereits eigenständig Programme.
- Der Projektleiter betonte, daß unabhängig von der bisherigen Tätigkeit und Ausbildung durch Motivation und entsprechenden Freiraum hervorragende Fachkräfte für das Unternehmen heranwachsen können.
- Zu Akzeptanzproblemen ist es bisher nicht gekommen, da durch frühzeitige Information der Mitarbeiter und Einbindung des Betriebsrates in die Systemauswahl mögliche Opponenten beruhigt werden konnten.

Da dieser Anwendungsfall keine nennenswerten hemmenden Faktoren ans Licht gebracht hat, weil offensichtlich umsichtig und vorbeugend (man möchte fast sagen: beispielhaft) vorgegangen wurde, wäre es interessant, diesem Unternehmen nach 1 bis 2 Jahren wieder einen Besuch abzustatten, um mittelfristige Wirkungen dieses riesigen Innovationsschrittes sehen zu können.

5.2 Fallstudie Unternehmen U2 — Industrieofenbau

Beim Unternehmen U2 handelt es sich um eine seit mehr als 25 Jahren bestehende Tochtergesellschaft eines deutschen Stammhauses. Bei einem Beschäftigtenstand von ca. 200 Mitarbeitern erzielt U2 einen Jahresumsatz in der Höhe von öS 250 Mio. Das traditionelle Programm der Gesellschaft umfaßt Wärmebehandlungsanlagen und Industrieöfen, Schutzgaserzeugungsanlagen, Prozeß- und Temperaturregelanlagen sowie sämtliche dazugehörigen Nebeneinrichtungen und basiert nahezu ausschließlich auf Eigenentwicklung. Das Angebot reicht von der Planung und Projektierung über Konstruktion und Fertigung bis zur Montage und Inbetriebnahme der oben genannten Anlagen. Da die Unternehmenspolitik auf Personalkontinuität ausgerichtet ist, kann auf einen langjährig bewährten Mitarbeiterstab zurückgegriffen werden.

Der Vertrieb wird über firmenangehörige Verkaufsingenieure und selbständige Landesvertreter durchgeführt, wobei die Exportquote bei 85% liegt. Hauptabnehmer sind Unternehmen der Autoindustrie und der Maschinenbaubranche.

Die Fertigung erfolgt kundenspezifisch. Der Anteil der Entwicklung und Konstruktion an der Gesamtdurchlaufzeit der Aufträge liegt aufgrund der komplexen Produkte und des hohen Technologieniveaus bei ca. 50%. Da die Angebote Funktions- und Leistungszusagen enthalten und daher sehr genau ausgearbeitet werden, werden für die Angebotserstellung etwa 25% der gesamten Entwicklungs- und Konstruktionskapazität eingesetzt. Die Angebote werden (branchenüblich) unentgeltlich gelegt.

Zielsetzung

Durch den insgesamt hohen Entwicklungs- und Konstruktionsaufwand werden seit längerem Überlegungen darüber angestellt, wie zumindest ein weiteres Ansteigen vermieden werden kann. Es wurden Informationen über verschiedene CAD-Systeme eingeholt. Dabei zeigte sich, daß für die Betriebsstruktur von U2 sämtliche in Abschnitt 3.2, Seite 50 der vorliegenden Arbeit angeführten Technologien in den Produkten enthalten sind. Deshalb bieten sich zwei mögliche Alternativen bei der Systemauswahl an; zum einen ein Großsystem, das in allen Bereichen einsetzbar ist, zum anderen mehrere Speziallösungen für einzelne Anwendungen. Da die großen CAD-Systeme in jeder Hinsicht sehr hohe Anforderungen an das Unternehmen stellen, nur auf mittleren bis größeren Rechnern lauffähig sind und U2 überdies über keinerlei CAD-Erfahrung verfügt, wollte man das damit verbundene Risiko vermeiden und beauftragte den Leiter der Konstruktion, Anforderungen an ein CAD-System für einzelne Teilbereiche zu formulieren und entsprechende Angebote einzuholen.

Entscheidungsvorbereitung

Da der Konstruktionsleiter zusätzlich der Ansprechpartner für wichtige Kunden war, blieb ihm für die Vorbereitung der Systemauswahl wenig Zeit. In den Jahren 1984 und 1985 wurden zunächst wichtige Systemmerkmale festgelegt. Die für das Unternehmen interessanten Angebote wurden vom Verantwortlichen in einen Entscheidungsvorschlag umgesetzt und dieser der Geschäftsleitung vorgelegt. Im August 1984 wurde der Geschäftsleitung das System Nestler 8000 in Form einer Aktennotiz samt Prospektmaterial vorgeschlagen. Einleitend wurde dargestellt, daß bei diesem System die Zeichnung bzw. das Zeichenbrett im herkömmlichen Sinn im Mittelpunkt steht und die Digitalisierung der Zeichnung direkt vom Zeichenbrett erfolgt (A0-Digitalisierungstableau). Anschließend wurden die einzelnen Systemfunktionen an einem konkreten Anwendungsbeispiel dokumentiert mit dem Hinweis, daß das vorgeschlagene System die erste, den Bedürfnissen eines Konstrukteurs gerecht werdende Eingabetechnik aufweist. Weiters wurde aufgezeigt, daß

— bei der Zeichnungsänderung bestehende Probleme beim Verfilmen der Zeichnung mit dem System gelöst werden können
— Fehler durch unmaßstabgerechtes Zeichnen vermieden werden können
— Wiederholbauteile straffer organisiert werden können
— bestehende Probleme mit Schneidschablonen beseitigt werden können
— der Zeichnungsaustausch mit dem Stammwerk in der BRD über Disketten möglich ist
— durch den Wegfall zeichnerischer Probleme eine stärkere Konzentration auf konzeptionelle Fragestellung möglich wird.

Die Zeitersparnis nach Überwinden der Anlaufphase wird vom Projektleiter auf etwa 10% geschätzt. Die Kosten des Systems werden mit öS 1 Mio beziffert. Für den Vollausbau mit 4 Eingabeeinheiten und 2 Plottern wird mit ca. öS 3 Mio gerechnet. Aus den abschließenden Fragen an die Geschäftsleitung geht hervor, daß man weitere Angebote einzuholen beabsichtigte.

Nach neun Monaten (Ende Mai 1985) wurde der Geschäftsleitung ein weiterer Entscheidungsvorschlag unterbreitet, der in Ziele, Wirtschaftlichkeitskriterien und Funktionsinhalte gegliedert war sowie eine Kostenaufstellung und einen Zeitplan enthielt. Mit dem System EPLAN, das für die Erstellung von Schalt- und Steuerungsplänen auf einem Mikrocomputer konzipiert ist, sollte die Vermeidung einer Personalausweitung durch den steigenden Konstruktionsanteil der Elektrokonstruktionen erreicht werden. Dieses System wurde deshalb vorgeschlagen, da der Vergleich verschiedener Systeme gezeigt hat, daß eine Kombination von Graphik-Arbeitsplätzen für verschiedene Bereiche, wie Ofenbau und Elektrokonstruktion, nicht sinnvoll ist.

Als Ergebnis der Zeitanalyse wurde mit einer Effizienzsteigerung von ca. einer Person bei einem Gesamtstand von fünf Mitarbeitern im Elektrobereich gerechnet. Weiters wurde mit der Möglichkeit, durch dieses System Erfahrungen für andere CAD-Anwendungen gewinnen zu können, argumentiert. Tabelle 12 zeigt die Kostenaufstellung des Systems EPLAN.

KOSTEN AUFSTELLUNG

Graphik - Arbeitsplatz für Schaltplanerstellung

Bezeichnung	1.Platz	2.Platz	3.Platz
Zentraleinheit DUET 16	101.000,--	101.000,--	101.000,--
Massenspeicher 10 MB	57.428,--	57.428,--	57.428,--
HD-Plotter 8 Stifte 150 Blatt	104.185,--		
Drucker Epson FX 80	14.800,--		
Kabel	2.250,--		
Software E-Plan I Lizenz	168.750,--	126.565,--	109.685,--
2 Manntage Einschulung	9.600,--		
Software Übertragungsprogramm EDV-Anlage	11.200,--		
Datenbankprogramm dBase II	9.950,--		
Software Anpassung	60.000,--		
öS	539.163,--	284.993,--	268.113,--

Kosten für Anwendung der Schaltplanerstellung
und Stücklistenschreibung

Tab. 12: Kostenaufstellung der Systemkonfiguration bei U2

Abschließend wird der Wunsch nach einer möglichst kurzfristigen Anschaffung geäußert, wobei geprüft werden soll, ob für das Jahr 1985 Förderungsmittel vergeben werden.

Zum Zeitpunkt der Erhebung im September 1985 war noch keine Entscheidung für ein System getroffen worden. Ende 1985 ergab eine telefonische Rückfrage bei U2, daß man sich inzwischen für das System EPLAN entschieden hatte und dessen Installation bereits erfolgt war. Für diese Entscheidung war letztlich die Verfügbarkeit einer Symbolbibliothek ausschlaggebend.

5.3 Fallstudie Unternehmen U3 — Maschinenbau

Das Unternehmen U3 erzeugt bei einem Beschäftigtenstand von ca. 700 Mitarbeitern vorwiegend Großbohrgeräte, sowohl Standardgeräte in Kleinserie bis 20 Stück als auch aufgrund kundenspezifischer Spezialanforderungen. Weiters stellt U3 auch verschiedenste Hand- und Kleingeräte her, deren Verwendung von der Medizin bis zum Straßenbau reicht. U3 ist weltweit das letzte Unternehmen, welches zu den Geräten sämtliche Accessoires wie z.B. Bohrkronen, Baustangen usw. noch selbst (in einem Zweigwerk) produziert.

Vom Umsatz in der Höhe von öS 600 Mio entfallen 70—80% auf den Export. Das Auslandsgeschäft wird z.T. durch eigene Produktionsstätten und Assemblingwerke vor Ort abgewickelt.

Nachdem das Unternehmen vor drei Jahren aus einem großen verstaatlichten Konzern als rechtlich selbständiges Tochterunternehmen wieder ausgegliedert wurde, mußten umfassende Maßnahmen eingeleitet werden, die einerseits eine Neuordnung der Ablauforganisation sowie andererseits eine Straffung der Produktpalette zum Hauptinhalt haben. Gleichzeitig wird versucht, eigene moderne EDV-Anwendungspakete im Dialog anstelle der bisher meist im (schwerfälligen) Stapelbetrieb vom Mutterunternehmen durchgeführten Programme zu installieren.

Zielsetzung

Im Entwicklungs- und Konstruktionsbereich wurde mit der Einführung eines CAD/CAM-Systemes ein Schritt in die Zukunft moderner Produktentwicklungsmethoden gesetzt. Dadurch sollte in erster Linie eine Qualitätsverbesserung bei der Erstellung von Zeichnungen und anderen Fertigungsunterlagen erreicht werden. Als weitere wichtige Gründe für die Einführung wurden die Reduzierung des Änderungsaufwandes für die häufig anfallenden Anpassungskonstruktionen und die direkte Verwendung der geänderten Daten für umfassende Auslegungs- und Kontrollberechnungen mit der Finite-Element-Methode (FEM) angeführt.

Die Initiative für CAD/CAM ging vom damals neu eingestellten Leiter der Organisation und Datenverarbeitung aus, der sich nach dem Studium fundierte EDV-Kenntnisse auch in bezug auf CAD/CAM-Systeme und im besonderen FEM aneignen konnte.

Anforderungen

Dem Leiter der Organisation und Datenverarbeitung wurde auch die Einführung eines CAD/CAM-Systemes übertragen. Neben den damit verbundenen Tätigkeiten mußte er als Leiter der Organisation die Umstrukturierung und Neuordnung des Unternehmens vorantreiben. Aus diesem Grund blieb für die Erstellung eines detaillierten Pflichtenheftes keine Zeit. Durch die CAD/CAM-Kenntnisse des Projektleiters sah sich dieser befähigt, die (hohen) Anforderungen an ein CAD-System zu definieren. Überdies waren von vornherein starke Präferenzen für das von der VOEST angebotene System UNIGRAPHICS vorhanden. Als grundsätzliche Festforderungen wurden vom Projektleiter genannt:

- das ausgewählte System muß von einem Anbieter mit einer inländischen Niederlassung stammen, von dem man eine zuverlässige Betreuung auch in Zukunft erwarten kann
- offenes System mit 3D-Geometrieverarbeitungsmöglichkeit, das in den Kreis der erfolgreichen Großsysteme einzuordnen ist
- durch den beabsichtigten Einsatz von FEM muß die Übernahme der Geometriedaten und die Netzgenerierung dazu möglich sein
- das System muß auf einem Rechner lauffähig sein, auf dem die bereits vorhandenen, umfangreichen Berechnungsprogramme weiterverwendet werden können
- der Rechner bzw. das Betriebssystem müssen über entsprechende Steuereinheiten eine Leitungsverbindung zum über 50 km entfernten Zweigwerk zulassen
- ein offenes System wurde auch deshalb verlangt, da zukünftige Kopplungen mit der bereits bestehenden NC-Programmierung und einem noch nicht feststehenden (eventuell PS-System), aber geplanten Produktionsplanungs- und -steuerungssystem beabsichtigt sind
- auf die Frage des Interviewers nach den Anforderungen an den Kommunikationsteil des Systems in bezug auf Geometrieverarbeitungsmöglichkeiten, Bedienerführung usw. wurde mit dem Hinweis auf den Stand der Technik geantwortet, der sich durch die Konkurrenzsituation der Anbieter von großen Systemen auf einem vergleichbaren Niveau einpendelt.

Sobald von einem Anbieter neue, komfortable Funktionen entwickelt wurden, werden diese von den Konkurrenten in deren Programme ebenfalls eingebaut. Dadurch erübrigen sich nach Auffassung des Projektleiters bei diesen Systemen mühsame und zeitintensive Funktionsvergleiche.

Systemauswahl und Einführung

Obwohl auch andere Anbieter kontaktiert und deren Systeme besichtigt wurden, fiel die Entscheidung, wie erwartet, auf das in Österreich von der VOEST vertretene System UNIGRAPHICS. Ausschlaggebend war letztlich die Zusage von umfassender Unterstützung bei der Einführung durch den Anbieter, die kurz danach erfolgte.

Der Investitionsaufwand wurde dem Fragesteller zahlenmäßig nicht bekanntgegeben, die Gesamtkosten setzten sich folgendermaßen zusammen:

Hard- und Software	40%
Ausbildung	20%
organisatorische Vorbereitungen	40%

Zum Zeitpunkt der Erhebung im Herbst 1985 stellte sich der Systemumfang wie folgt dar:

- 2 Rechner DEC/VAX 11/750 und 785
- Hauptspeicher gesamt 21 MB
- Plattenspeicher 1500 MB

— 7 CAD-Arbeitsstationen
— 4 Graphik-Farbbildschirme für die NC-Programmierung
— 35 alphanumerische Bildschirme
— mehrere Drucker
— 2 Hardcopygeräte zur Dokumentation von Graphik-displays
— 2 Plotter (A0, A3)

Der Gesamtwert der für CAD genutzten Ressourcen kann, wie aus der Auflistung ersichtlich, als sehr hoch eingeschätzt werden. Die dargestellte Rechnerkonfiguration wurde bereits für die Einführung eines PPS-Systems im Jahr 1986 ausgelegt.

Von den ursprünglichen Anforderungen wurden die NC- und FEM-Schnittstellen realisiert. Die Übergabe der Geometriedaten an die NC-Programmierung, die mittlerweile fast ausschließlich im Dialog erfolgt, wird vorläufig nur für einige Teilefamilien vorgenommen; an der Ausweitung wird permanent gearbeitet. Die Verwendung der vorhandenen Berechnungsprogramme auf diesen Rechnern war durch die Programmiersprache FORTRAN ohne Probleme möglich. Zusätzlich wurden vom EDV-Team, bestehend aus dem Leiter (der selbst programmiert), einem Systemprogrammierer und zwei Anwendungsprogrammierern, eine Reihe weiterer Berechnungsprogramme, u.a. auch für dynamische Simulationen zur Auslegung geeigneter Bohrhämmer, entwickelt. Durch diese Programme können ein bis zwei Prototypen bei der Produktentwicklung eingespart werden.

Anwendererfahrungen

Das ausgewählte System funktioniert — abgesehen von Kleinigkeiten — zur vollen Zufriedenheit des Unternehmens. Der Zeitraum von der Installation bis zur vollen Nutzung des Systems wird vom Projektleiter mit „unendlich" beschrieben. Der Grund für diese Aussage liegt in der zunehmenden Leistungsfähigkeit des Systems, die durch die sukzessive Anreicherung von Daten (z.B. Normteilkataloge) und Programmen erreicht wird.

Die Vorbereitungsarbeiten wurden trotz adäquater Erfahrung des Projektleiters unterschätzt; sie nahmen einen Zeitaufwand von einem Mannjahr (full-time job) in Anspruch. Zur schnelleren Einarbeitung in das System erwiesen sich die guten Kontakte zu Anwendern des Systems über einen Benutzerkreis als sehr nützlich.

Die zugesagte Unterstützung durch den Hersteller wurde gegeben, obwohl ständige Urgenzen notwendig waren.

Der Projektleiter brachte zum Ausdruck, daß er jeden mit der Einführung eines CAD/CAM-Systems Betrauten, der über keine entsprechenden EDV-Erfahrungen verfügt (im Benutzerkreis waren solche vorhanden), zutiefst bemitleidet, da diese auf Gedeih und Verderb auf die Aussagen betriebsfremder Personen angewiesen sind. Nur bei Vorhandensein entsprechender Qualifikationen können dem Anbieter Leistungen unentgeltlich (z.B. Fehlerbehebung) abverlangt werden. Ansonsten wird viel investiert, ohne eine ausreichende Systemeffizienz zu erreichen.

Die komplexen Wirkungszusammenhänge erschweren eine Nutzenmessung. Der Nachweis der Wirtschaftlichkeit ist daher vielfach eine Ermessensfrage und vom good will der Führung abhängig. Noch schwieriger sind Wirtschaftlichkeitsüberlegungen vor Einführung des Systems, da auf keinerlei Erfahrungen zurückgegriffen werden kann.

Nach Auffassung des Projektverantwortlichen kann diese Situation durch häufig nur halbgebildete externe Berater nicht verbessert werden, da die Eignungsprüfung des Systems insider-Kenntnisse der Betriebsstruktur und -technologien voraussetzt.

Zu den bisher größten Vorteilen des CAD-Einsatzes werden die Reduzierung des Änderungsaufwandes und die Qualitätsverbesserung der Zeichnungsinhalte (z.B. wurden früher manche Zeichnungselemente nur symbolisch dargestellt, die jetzt in ihrer wahren Gestalt auf den Zeichnungen erscheinen) gezählt.

5.4 Fallstudie Unternehmen U4 — Maschinenbau

Das Unternehmen U4 ist ein traditionsreicher Großbetrieb, der hauptsächlich im Werkzeugmaschinenbau und in der Agrartechnik tätig ist. Mehrheitseigentümer ist eine österreichische Großbank, die übrigen Anteile werden im wesentlichen von einem verstaatlichten Großkonzern gehalten. Die Produkte stellten immer gehobenen technischen Standard dar, wobei ab 1970 die Exporte in Ostblockländer zunahmen. Die Exportquote liegt derzeit bei ca. 85%.

Seit dem Zweiten Weltkrieg konnte der Beschäftigtenstand bei ca. 800 Mitarbeitern konstant gehalten werden, zeigt aber in jüngerer Vergangenheit aus marktbedingten Gründen — teilweise trat der Anteilseigner(!) selbst als harter Konkurrent auf — fallende Tendenz. Dieselben Umstände machen betriebliche Umstrukturierungen verbunden mit namhaften Kapitalzuführungen erforderlich. Eine dieser Maßnahmen soll die Forcierung modernster Technologien u.a. im Bereich Entwicklung und Konstruktion sein.

Zielsetzung

Durch den Einsatz eines CAD/CAM-Systems soll die Reduzierung von Routinetätigkeiten und damit eine Verkürzung der Entwicklungszeit von Maschinen und Anlagen bei gleichzeitiger Reduzierung der Kosten erreicht werden. In weiterer Folge soll eine Rechnerverbindung der Konstruktion mit der Fertigung realisiert werden. Zur Erreichung dieser Zielsetzungen wurde der Leiter der Konstruktion im elektrotechnischen Bereich als CAD-Verantwortlicher nominiert und mit der Erarbeitung eines Grobkonzeptes für die Einführung eines CAD-Systems beauftragt.

Anforderungen

Zur Ermittlung erster Systemanforderungen wurde eine Ist-Analyse im Umfang von ca. 6.000 Konstruktionsstunden im Bereich Elektrotechnik durchgeführt. Weiters wurden verschiedene Hersteller kontaktiert und unterschiedliche Systeme bei anderen Firmen besichtigt. Im nachhinein erwiesen sich die Erfahrungen von (befreundeten) Firmen — ähnliche Anwendungen vorausgesetzt — für die Systemauswahl durch nützliche Informationen in bezug auf Hardwareeigenschaften, Plottermätzchen, praktisches Arbeiten (z.B. mit dem graphischen Tablett) usw. als sehr günstig. Gleichzeitig erfolgten die Beschaffung und das Studium einschlägiger Literatur durch den CAD-Verantwortlichen sowie der Besuch von Veranstaltungen, um einen groben Überblick über CAD-Technologie und -Systeme zu gewinnen. Dabei zeigte sich, daß die Erstellung eines Gesamtkonzeptes, welches strategische Überlegungen zukünftiger EDV-Anwendungen im Unternehmen beinhaltet, als Grundvoraussetzung einer erfolgreichen Einführung anzusehen ist.

Es wurde zwar kein detailliertes Pflichtenheft erstellt, jedoch die Anforderungen an ein CAD-System wie folgt grob umrissen:

— Da die Unternehmensstruktur den Einsatz eines CAD/CAM-Systems für mehrere Anwendungsgebiete wie Elektrotechnik, Mechanik usw. erfordert und die Systemanforderungen für das gesamte Unternehmen im Detail noch nicht vorlagen, mußte ein möglichst universelles, erweiterbares (OFFENES) System ausgewählt werden.
— Im Bereich Elektrotechnik mußte das System die Erstellung von Stromlaufplänen, Verdrahtungsplänen, Gerätelisten und Querverweisen (Stecker-, Klemmenbelegungen) ermöglichen.
— Für den mechanischen Bereich stand die Möglichkeit zur Erstellung von Entwürfen, Zeichnungen für mehrere Verwendungszwecke (Layertechnik) und Zusammenstellungszeichnungen im Vordergrund.
— Stücklistengenerierung (variabel, da die Anforderungen noch nicht bekannt waren) und Kopplungsmodule zur NC-Programmierung.

An den Einsatz von FEM-Berechnungen wird bei U4 nicht gedacht, da derartige Berechnungen nur 2- bis 3mal im Jahr anfallen. Dafür erscheint der Aufwand für einen (geübten) FEM-Spezialisten sowie für die erforderlichen FEM-Programme zu hoch.

Die Lieferantenauswahl erfolgte nach folgenden Kriterien:

— potentielle Eignung für langjährige Geschäftsverbindung, da der hohe Investitionsaufwand das Unternehmen voraussichtlich langfristig an dieses System bindet,
— Nachweis erfolgreicher Installationen bei Unternehmen derselben Branche,
— verläßliches, schnelles Service durch hochqualifizierte Systembetreuer,
— Unterstützung bei der Schulung und Systemeinführung.

Systemauswahl

Die Entscheidung über CAD/CAM wurde als strategisch wichtiger Einstieg und Grundlage für eine durchgehende Organisation der Konstruktion und Fertigung erkannt, weshalb nicht nur wirtschaftliche Faktoren für die Systemauswahl maßgeblich waren.

Viele Komponenten des (möglichen) CAD-Nutzens sind nur schwer quantifizierbar und werden wie folgt geschätzt:

70% — vorbereitende, angepaßte Organisation
— Gliederung (Bereinigung) der Produkte
— Reduzierung der Durchlaufzeiten

30% — technischer Nutzen (Zeichnungsqualität, -inhalte usw.)

Die Entscheidung fiel nach ca. 10 Monaten zugunsten des Systems „MEDUSA" der Firma AGS (nunmehr Computervision), wobei der inzwischen entstandene gute persönliche Kontakt zum Systembetreuer und dessen überdurchschnittliche Qualifikation (Dr. Reinauer, TU Wien) von Bedeutung waren.

Systemumfang: Rechner DEC-VAX 730 und 780
Betriebssystem VMS 4.1
Realspeicher 4 MB real
Plattenspeicher 2×456 MB
1 Bandstation
2 elektrostatische Plotter (A1)

CAD-Arbeitsplatz: 1 Graphik-Farbbildschirm Tektronix 4115 B
hohe Bildauflösung,
schneller Bildaufbau
1 alphanumerisches Terminal
1 Eingabetastatur
1 Joy-Stick
1 großes graphisches Tablett mit Book-Menü
(ca. 50×50 Digitalisierungsfläche)
1 Matrixdrucker

Gesamtkosten je CAD-Arbeitsplatz: ca. öS 1,1 Mio

Einführung

Anfang 1984 erfolgten die Systeminstallation und die Einrichtung des ersten CAD-Arbeitsplatzes. In der ersten Stufe wurden 6 Mitarbeiter (jung, flexibel, interessiert; 2 Mitarbeiter je Bereich) zur Schulung ausgewählt. Wichtig war dabei, daß diese Leute mit viel Überzeugungskraft und Geduld für die Aufgabe motiviert wurden und den nötigen Freiraum für ihre Entwicklung erhielten. Die Schulungskosten wurden teilweise vom WIFI übernommen.

Geschult wurde nicht nur die reine Systemanwendung, sondern es wurde versucht, auch auf eine günstige Denk- und Arbeitsweise einzugehen (z.B. Gedanke der Wiederverwendbarkeit u.a.). Die ausgewählten Mitarbeiter bildeten zusammen mit dem CAD-Verantwortlichen das Projektteam für die CAD-Einführung. Unmittelbar nach der Schulung wurde vom Projektteam im elektrotechnischen Bereich mit der Erstellung von:

— Stromlaufplänen, Verdrahtungsplänen, Gerätelisten und
— Querverweisen (Stecker-, Klemmenbelegungen) begonnen.
— Die Textbibliothek wurde von U4 entwickelt, wodurch die Verwendung von mehrsprachigen Texten (auch Russisch) möglich wurde. Diese Erweiterungen sind nur bei einem offenen System durchführbar.

Während der Einführung wirkte auch der Software-Lieferant unterstützend mit. Externe Berater wurden nicht kontaktiert, da man einerseits die nötige Unterstützung vom Lieferanten bekam und es andererseits — nach Auffassung des Projektleiters — nur wenige Berater gibt, die den Anforderungen entsprechen würden.

Ende 1984	wurde der zweite CAD-Arbeitsplatz installiert. Mit diesen beiden Arbeitsplätzen wird seither für den elektrotechnischen Bereich schon produktiv gearbeitet.
Anfang 1985	wurden zwei weitere CAD-Arbeitsplätze aufgestellt, die für den mechanischen und andere Bereiche im Testbetrieb genutzt werden. Nach der erfolgreichen Einführung im elektrotechnischen Bereich wurde der CAD-Verantwortliche auch mit den weiteren CAD/CAM-Aktivitäten betraut.
Im Herbst 1985	wurden zwei zusätzliche Arbeitsplätze installiert. In hausinternen Kursen wurden ca. 40 Mitarbeiter für die Arbeit am CAD-System geschult. Die Auswahl erfolgte vorwiegend durch freiwillige Meldung, die Kurse wurden am Abend ohne Kurskostenbeitrag und Zeitabgeltung — abgehalten. Die Gesamtkosten des Projektes betrugen bis zu diesem Zeitpunkt über öS 10 Mio. Die Endausbaustufe soll nach ca. 2 bis 3 Jahren 18 Stationen umfassen.

Anwendererfahrungen

Aus der Sicht des Projektleiters ist es für einen CAD-Einsteiger nahezu unmöglich, alle Systemanforderungen ohne praktische CAD-Erfahrung zu erkennen. Die Eigenheiten, Probleme, aber auch die Nutzenpotentiale können erst nach grundsätzlicher Einarbeitung abgeschätzt werden. Von Benchmarks hält der Projektverantwortliche nicht allzuviel, da dem interessierten Zuschauer bei der flinken Abwicklung des

Tests durch den geübten Systemanbieter viele wichtige Details der praktischen Arbeitsweise verborgen bleiben können.

Selbst beim besten System (womit der Interviewte seine Zufriedenheit mit MEDUSA ausdrückte) sei es erforderlich, daß sich das Unternehmen das nötige know-how eigenständig aneignet, um nicht von externen Stellen (z.B. bei der Systembetreuung oder Systemanpassung: Programmierung, Menüs, Makros, Symbolbibliotheken, Normteilkataloge etc.) abhängig zu bleiben.

Die Effizienz von CAD/CAM-Systemen ist direkt abhängig von der organisatorischen Gestaltung. Damit ist nicht nur die Eingliederung in die bestehende Aufbauorganisation gemeint, sondern auch das Nutzen der Chance für vielleicht längst fällige Änderungen, z.B. bei der Gestaltung des Informationsflusses, der Ablauforganisation oder der Nummernsysteme. Auch sinnvolle Standards, Variantenkonstruktionen und Normierungen sollten im Zuge der Einführung geschaffen werden.

Für den Aufbau eines voll funktionsfähigen CAD-Systems, das alle Vorteile dieser Technologie ausspielen kann, sind viel Zeit und Kleinarbeit notwendig. Dafür muß die Geschäftsleitung Verständnis aufbringen, indem sie die für das Projekt erforderliche Zeit sowie das Personal zur Verfügung stellt und als Machtpromotor den Projektleiter „wirklich" unterstützt.

Für den Projekterfolg ist die Motivation der Projektmitglieder, aber auch die Akzeptanz der betroffenen Mitarbeiter unabdingbare Voraussetzung. Dies kann nach Meinung des Befragten durch frühzeitige, möglichst offene Information und Einbindung der Betroffenen sowie des Betriebsrates gefördert werden.

5.5 Fallstudie Unternehmen U5 — Technisches Büro

Beim Unternehmen U5 handelt es sich um ein 1979 gegründetes Ingenieurbüro mit den Aktivitätsfeldern Beratung und Konstruktion, Planung, Entwicklung, Ausführungsüberwachung, Organisation und Programmierung von EDV-Projekten. Es ist ein österreichisches Unternehmen mit Standorten in Wien, Graz, Linz und Düsseldorf. Der Marktanteil im Inland wird auf 10—15% geschätzt. Sowohl der inländische als auch der ausländische Absatzmarkt besteht aus mittleren bis großen Industriebetrieben, die durch eine dezentrale, nach Sparten gegliederte Absatzorganisation erschlossen werden. Bei einem Beschäftigtenstand von über 350 Mitarbeitern im Jahr 1986 und einer sehr hohen Kapazitätsauslastung bei qualifizierter Arbeitsleistung kann die Marktsituation bzw. Auftragslage als befriedigend bezeichnet werden.

Zielsetzung und Begründung

Für die Einführung einer CAD-Problemlösung (CAD-Zeichensysteme — 2D) waren folgende Motive ausschlaggebend:
— finanzieller und terminlicher Druck auf die Planung und Entwicklung von Projekten

- Erstellung der technischen Dienstleistungen mit zeitgemäßen Methoden und Werkzeugen
- weitgehende Automation und Computerunterstützung von Routine- und Wiederholarbeiten
- Förderung der Kreativität und gleichzeitig Fehlervermeidung
- Verbesserung der Qualität und Quantität der Leistungserstellung
- Erweiterung des Geschäftsumfanges durch den Vertrieb der im eigenen Unternehmen erprobten CAD-Systeme.

Da U5 im Markt gut eingeführt ist, erwartet man sich vom Verkauf dieser Systeme einen größeren Erfolg gegenüber (weniger fachkundigen) EDV-Anbietern.

Anforderungen

Im Jahr 1984 erfolgte eine Grundlagenstudie zur Ermittlung jener Art von CAD-System, das den oben genannten Zielsetzungen am besten gerecht wird. Als Ergebnis wurden folgende Anforderungen definiert:

- CAD-Problemlösung für kleinere bis mittlere Unternehmen oder den Einsatz in Großbetrieben auf breiter Basis
- Beschränkung auf ein low-cost-System zur Erstellung von Konstruktionszeichnungen, da die obere Preisgrenze bei kleineren Unternehmen auf max. 500.000 öS geschätzt wird und dennoch ein Großteil der anfallenden Arbeiten damit erledigt werden kann
- rechnerflexible Software, die auf möglichst vielen Kleinrechnern (PC) ohne Adaptionsaufwand lauffähig ist.

Systemauswahl

Nach Durchsicht von umfangreichem Prospektmaterial, welches U5 als potentiellem CAD-Kunden bereits ausreichend zur Verfügung stand, sowie Kontaktgesprächen mit Hard- und Softwareanbietern fiel die Entscheidung für folgende Systemkonfiguration, wobei Anfang 1985 mehrere dieser Systeme angeschafft wurden:

Rechner:	IBM-PC-XT (AT)
	— 512 KB Speicher
	— Festplatte 10 MB
	— Floppy-Disk 340 KB
	— 8087 Co-Processor
Eingabe:	Mikrosoft-Mouse
	Tablett Bit-Pad-Two
	Tastatur
Ausgabe:	Bildschirme von IBM, ISI, TAXAN
	Plotter HP Format A3, A0
Software:	Betriebssystem (DOS)
	CAD-System AUTOCAD (EXT-2)
	deutsch Version 2.0

Einführung

Die Gesamtkosten des Projektes setzen sich wie folgt zusammen (in Mio öS):

Planungs- und Baukosten	1,0
Hard- und Software, Peripherie	4,5
Grundlagenstudie und Systemauswahl	0,5
Schulungskosten	2,0
Summe	8,0

Projektumfang:

— Erweiterung und Ausbau der Zentrale — in Wien — für die Programmierung und zur Errichtung von Schulungsräumen
— Vergrößerung des technischen Büros in Graz
— 5—10 CAD-Arbeitsplätze, technisches Büro Wien
— 2— 4 CAD-Arbeitsplätze, technisches Büro Graz
— 2— 5 CAD-Arbeitsplätze, technisches Büro Linz
— 2— 4 CAD-Arbeitsplätze, technisches Büro West
— Mindestens ein Plotter Format A0 für jeden Bereich
— Diverse Arbeitsplatzeinrichtungen wie Möbel, Zeichengerät etc.

Die Einführung erfolgt(e) im mehreren Schritten:

Januar 1985: Systemauswahl

Februar 1985 bis
April 1985: Installation der Schulungssysteme, Programmier- und CAD-Schulung

Mai 1985 bis
Juni 1985: Installation der ersten beiden CAD-Arbeitsplätze mit Plotter

September 1985 bis
Dezember 1985: Ausbildung der ersten Teilnehmer durch Bearbeitung reeller Kundenaufträge.
Die Auswahl von 10 Mitarbeitern erfolgte auf freiwilliger Basis, wobei bemerkenswert erscheint, daß die Schulung außerhalb der Arbeitszeit unbezahlt stattfand.
In der zweiten Ausbildungsphase sollen 3 weitere CAD-Arbeitsplätze installiert und 30 zusätzliche Mitarbeiter geschult werden.

Januar 1986 bis
Juni 1986: Installation von 6 weiteren CAD-Arbeitsplätzen, womit die Grundausrüstungsphase mit mindestens 11 Arbeitsplätzen abgeschlossen sein wird. Die spätere Ausbildung soll nach dem Schneeballprinzip durchgeführt werden.

Parallel zur Einführung im eigenen Unternehmen soll ab 1986 dieses CAD-System gemeinsam mit einer umfassenden Einführungsunterstützung zum Verkauf angeboten werden. Die dazu erforderlichen Lizenzen konnten bereits zum Zeitpunkt der Systemauswahl mit den Hard- und Softwarelieferanten vereinbart werden.

Aus den Tabellen 13 und 14 ist ein Muster der angebotenen Hard- und Softwarekomponenten zu ersehen, die mehrere Konfigurationsmöglichkeiten und Gerätealternativen beinhalten.

STÜCK	TYPE PART. NR.	BESCHREIBUNG	PREIS (EXCL. MWST.)
Konfiguration 1:			
1	6134223	Systemeinheit PC-XT 256 KB Hauptspeicher 10 MB Plattenlaufwerk 360 KB Diskettenlaufwerk	ÖS 78.480,--
1	1501013	64/256 Hauptspeicher- erweiterungskarte	ÖS 4.365,--
3	1501003	64 KB - RAM Hauptspeicher- erweiterungen á ÖS 1.630,--	ÖS 4.890,--
1	8130050	Monochromer Bildschirm	ÖS 5.120,--
1	1501102	Tastatur, deutsch	ÖS 5.170,--
1	1501002	Co-Prozessor 8087	ÖS 5.960,--
1	SHW0009	Hercules - Grafikkarte	ÖS 12.900,--
1	SHW0041	Microsoftmouse	ÖS 4.900,--
1	6183974	DOS 2.10, deutsch	ÖS 1.565,--
1	SSW0012	AUTOCAD, Basis, deutsch, Version 2.0	ÖS 33.250,--
1	SSW0013	AUTOCAD Adv., Draft, EXT-1, deutsch, Version 2.0	ÖS 16.625,--
1	SSW0015	AUTOCAD, Adv., Draft, EXT-2, deutsch, Version 2.0	ÖS 16.625,--
		GESAMT EXCL. MWST:	ÖS 189.850,--

Tab. 13: Konfigurationsmöglichkeit 1 bei U5

STÜCK	TYPE PART. NR.	BESCHREIBUNG	PREIS (EXCL. MWST.)

Konfiguration 2:

1	8130041	Systemeinheit PC-AT Erweitertes Modell 512 KB Hauptspeicher 20 MB Plattenlaufwerk 1,2 MB Diskettenlaufwerk	ÖS 115.700,--
1	8130050	Monochromer Bildschirm	ÖS 5.120,--
2	1504900	Anschlußkarte für Drucker und Bildschirm á ÖS 4.980,--	ÖS 9.960,--
1	SHW0073	MICRO 1024 - Monitor (1024 x 1024)	ÖS 115.560,--
1	6450222	Tastatur, deutsch	ÖS 9.155,--
1	6450211	Co-Prozessor IBM-PC-AT	ÖS 8.065,--
1	SHW0074	Bit-Pad-II-Tablett	ÖS 17.100,--
1	SHW0075	Bit-Pad-II-Stift	ÖS 3.700,--
1	SHW0076	Bit-Pad-II-Netzgerät	ÖS 2.250,--
1	6834199	DOS 3.0, deutsch	ÖS 1.565,--
1	SSW0012	AUTOCAD, Basis, deutsch, Version 2.0	ÖS 33.250,--
1	SSW0013	AUTOCAD, Adv., Draft, EXT-1, deutsch, Version 2.0	ÖS 16.625,--
1	SSW0015	AUTOCAD, Adv., Draft, EXT-2, deutsch, Version 2.0	ÖS 16.625,--
		GESAMT EXCL. MWST:	ÖS 354.675,--

Tab. 14: Konfigurationsmöglichkeit 2 bei U5

STÜCK	TYPE PART. NR.	BESCHREIBUNG	PREIS (EXCL. MWST.)

ALTERNATIVEN:

1.) Bildschirme:

1	SHW0020	JULIA, bernstein, 15"	ÖS 13.860,--

2.) Drucker:

1	SHW0001	EPSON FX-80 Drucker	ÖS 14.800,--
1	SHW0002	IBM - Interface	ÖS 3.000,--
1	SHW0008	Druckeranschlußkabel	ÖS 1.170,--
			ÖS 18.970,--
1	SHW0007	EPSON FX-100 Drucker	ÖS 18.800,--
1	SHW0002	IBM - Interface	ÖS 3.000,--
1	SHW0008	Druckeranschlußkabel	ÖS 1.170,--
			ÖS 22.970,--

Tab. 15: Gerätealternativen bei U5

Bisherige Erfahrungen

Das CAD-System wurde von den meisten Mitarbeitern positiv aufgenommen. Einige nahmen die Übungsmöglichkeiten über das vorgesehene Ausmaß in Anspruch und entwickelten erstaunlich schnell beachtliche Systemkenntnisse.

Die Erstellung professioneller Konstruktionszeichnungen ist mit dem beschriebenen System — allerdings nur mit der erweiterten Version (2.0) — sehr praktikabel möglich. Gegenüber der „Microsoft-Mouse" erwies sich das Arbeiten mit dem graphischen Tablett in Verbindung mit der alphanumerischen Tastatur als wesentlich effizienter. Als sehr vorteilhaft wird die Möglichkeit frei definierbarer Menüs angesehen, weil dadurch einzelne Symbole sowie ganze Zeichnungen schnell aufgerufen und bearbeitet werden können.

AUTOCAD enthält zwar eine Schnittstelle für den Austausch von Zeichnungsfiles, jedoch wurde keine genormte Schnittstelle (z.B. IGES) vorgesehen.

5.6 Fallstudie Unternehmen U6 — Textilindustrie

Das Unternehmen U6 ist ein seit 1934 bestehendes exportorientiertes Einzelunternehmen der Textilbranche mit Sitz in Wien. Das Leistungsprogramm umfaßt in drei Produktgruppen gegliederte hochwertige Seidenstoffe. Die Produktstrategie besteht in der Erzeugung qualitativ gehobener, modischer Kollektionen anstatt preisabhängiger Stapelware.

Nachdem der Inhaber im Jahr 1973 den Betrieb von seinem Vater übernommen hatte, wurde der veraltete Maschinenpark stufenweise auf modernste Technologie umgestellt. Weiters wurden die Absatzwege neu gestaltet sowie neue Exportmärkte erschlossen. Durch großen persönlichen Einsatz des jungen, dynamischen Unternehmers konnte der Umsatz von 8 Mio öS in Jahr 1973 auf nahezu das Zehnfache im Jahr 1985 gesteigert werden; der Exportanteil konnte dadurch auf ca. 90% erhöht werden.

Zielsetzung

Zur Sicherung der weltweiten Absatzmärkte müssen ständig verbesserte Dessins immer schneller und kostengünstiger erstellt werden können. Da die manuelle Erzeugung von Jacquardkarten zur Webstuhlsteuerung, nachdem das Stoffmuster festgelegt wurde, den größten Arbeitsaufwand darstellt und die auf den Karten enthaltenen Muster nicht für andere Zwecke weiterverwendbar sind, ist die datenmäßige Aufbereitung der Muster anzustreben. Diese Musterdaten sollen beliebig veränderbar sein und nach Bedarf auf Jacquardkarten abgestanzt werden können. In weiterer Folge sollen die Jacquardkarten durch Datenträger (z.B. Diskette) ersetzt werden.

Durch den Einsatz modernster Technologien, die in der Textilindustrie richtungsweisend sind, soll diese Zielsetzung erfüllt werden.

Problemlösung

Mit dem ELATEX-MULTI-SYSTEM der Firma Grosse, einem modernen Textilmusterverarbeitungs-System, ist das Zusammenlegen verschiedener Arbeitsgänge bei der Mustererstellung möglich. Durch die Speicherung und Mischung verschiedener Dessins können völlig neuartige Effekte erzielt werden. Mit Hilfe eines Scanners kann eine vollautomatische Farbenaufteilung erreicht werden. Durch Mischpulte können interaktiv am Graphikbildschirm wahlweise Bindungen[177] gezählt werden. Diese am Farbbildschirm, im graphischen Dialog mit dem Computer erfolgende Dessinerstellung ist einzigartig und stellt mit einem Investitionsaufwand von rund öS 4,5 Mio die erste derartige Lösung in Österreich dar. Auch weltweit wurden bisher erst ca. 30 Computeranwendungen dieser Art installiert.

Systemumfang: Mikrocomputer mit großem Speicherausbau
Floppy-Disk und Hard-Disk mit großer Externspeicherkapazität
Daten-Farbmonitor hoher Qualität und Auflösung
Dialog-Bildschirm-Terminal zur Bedienung der Anlage

Das System zur Erstellung von Jacquardkarten für die Webtechnik besteht aus zwei unabhängigen Teilen:

Teil 1:   Datenerfassungsteil mit eigenem Mikrocomputer, Floppy-Disk und Terminal zum Erfassen der Grundmuster-Farbdaten und Bindungsvorschriften.

Teil 2:   Datenverarbeitungsteil ebenfalls mit eigenem Mikrocomputer-System zur Kontrolle und Korrektur der Musterdaten auf Farbmonitor zum Zusammensetzen von Mustern (Mustermontagen, Musterverbände) und für Mustermanipulationen.

Durch die große Externspeicherkapazität können viele Muster verwaltet und zu sehr großen Grundmustern in einem Arbeitsgang zusammengesetzt, bearbeitet und auf Farbmonitor dargestellt werden.

Daraufhin erfolgt das automatische Ausstanzen der Jacquardkarten mit den entsprechenden Bindevorschriften für die Webtechnik.

Einführung

Im Sommer 1985 erfolgte die Entscheidung durch den Inhaber für die Anschaffung dieses Systems, dessen Lieferung und Inbetriebnahme für Herbst 1985 vorgesehen waren. Nach einer einmonatigen Einschulung durch die Erzeugerfirma wird die Mustererstellung des Unternehmens U6 auf die neue Technologie umgestellt werden.

Die Ausbildung sollen ein Abteilungsleiter sowie zwei oder drei Mitarbeiter erhalten. Dabei handelt es sich vornehmlich um Absolventen der höheren technischen Lehranstalt für Textilindustrie.

---

[177] Als Bindungen werden unterschiedliche Ketten/Schuß-Kombinationen beim Webvorgang bezeichnet.

In voraussichtlich zwei Jahren werden dann die Webmaschinen so umrüstbar sein, daß anstelle einer Jacquardkarte eine Diskette als Musterträger eingesetzt werden kann.

Die Kosten für die Umrüstung werden auf öS 100.000 je Webstuhl geschätzt, wodurch ein weiterer Investitionsaufwand von rd. 3 Mio öS entstehen wird. Allerdings kann dadurch der Aufwand für die Erstellung der Jacquardkarten zur Gänze entfallen.

5.7 Fallstudie Unternehmen U7 — Elektroindustrie

U7 ist ein seit knapp 100 Jahren bestehendes Großunternehmen der Elektrobranche und befindet sich im Eigentum der Republik Österreich. Die breite Produktpalette auf den Gebieten der Energieerzeugung, -übertragung und -anwendung wird an mehreren inländischen Standorten erzeugt. Die Verkaufsorganisation umfaßt einige Tochtergesellschaften im Ausland und Vertretungen in rd. 80 Staaten der Erde. Durch die den Produkten zugehörige Leit-, Schutz-, Regelungs- und Prozeßrechentechnik ist das Unternehmen U7 gezwungen, auch im Elektronikbereich auf einem hohen Technologieniveau tätig zu sein.

Durch die vielfältigen Aktivitäten in den Bereichen Anlagenbau, Elektromaschinenbau und Elektronik bieten sich umfassende Einsatzmöglichkeiten für CAD/CAM an.

Zielsetzung

Wie aus Unterlagen des Unternehmens hervorgeht, erkannte man bereits 1970 die Bedeutung künftiger Rationalisierungsmöglichkeiten durch derartige Systeme. Während zu diesem Zeitpunkt deren Entwicklungsstand den Anforderungen noch nicht entsprach, beschäftigte man sich ab 1979 — nach aufmerksamer Beobachtung der angebotenen Systeme — näher mit dieser Technologie. Als langfristiges Ziel wurde eine möglichst hohe Durchdringung aller geeigneten Einsatzgebiete in der Entwicklung, Konstruktion und Arbeitsvorbereitung festgelegt. Weiters wurde beschlossen, daß aufgrund des großen Projektumfanges zunächst durch die Anwendung in einem der Bereiche Erfahrungen gesammelt werden sollte, um danach den Einsatz von CAD/CAM auszudehnen.

Der Bedeutung des Projektes entsprechend wurde 1979 ein CAD-Entwicklungsteam gegründet. Der Projektverantwortliche sollte gemeinsam mit dem Team eine CAD-Ausbildung erhalten, um spätere Anwenderschulungen vornehmen zu können. Die Ausbildung sollte auch dazu dienen, die Beurteilung der CAD-Systeme und in der Folge die Auswahl zu erleichtern.

Etwas später erfolgte die Gründung eines CAD-Gremiums, das sich aus den Vertretern der Hauptanwendungsbereiche zusammensetzt. Ihm obliegt die strategische Planung, Budgetierung, Koordination und Überwachung. Der CAD-Projektleiter ist diesem Gremium unterstellt.

Anforderungen

Aufgrund der verschiedenen Technologien sollte jenes System ausgewählt werden, das hierzu die meisten Softwarepakete beinhaltet. Durch die Vielfalt der Einsatzmöglichkeiten wurde vor der Systemauswahl eine Nutzwertanalyse durchgeführt, wobei viele Faktoren einzubeziehen waren. Mit Hilfe dieser Methode wurde eine Reihe von Systemen untersucht und verglichen. Bei den Auswahltests zeigte sich, daß für die Konstruktion elektrischer Anlagen keine leistungsfähigen Anwenderprogramme auf dem Markt waren und Konstruktionsprogramme für den Maschinenbau vorwiegend als Insellösungen angeboten wurden. Nur das System für den Entwurf gedruckter Schaltungen (Printsystem) war gemäß damaligem Stand der Technik einigermaßen gut ausgebaut.

Systemauswahl

Die Entscheidung fiel schließlich zugunsten des Printentwurfsystems der Firma CALMA (ein Tochterunternehmen von General Elektric, das damit Marktleader im Elektrobereich ist). Dieses System basiert auf zwei 16-Bit-Rechnern mit einem Graphikarbeitsplatz und zwei Digitalisierungsflächen. Die Softwareausstattung enthält neben der Basisgraphik und den Anwenderprogrammen zwei graphische Programmiersprachen (GPL: **G**raphic-**P**rogram-**L**anguage, DAL: **D**esign-**A**nalysis-**L**anguage), in die auch die Graphikkommandos der Basisgraphik eingebunden werden können, womit z.B. parametrisierte Konstruktionen programmierbar sind. Weiters enthält das System eine FORTRAN-Schnittstelle sowie eine Graphikschnittstelle, über die Geometriemodelle mit anderen CAD-Systemen ausgetauscht werden können.

Einführung

Die Einführung von CAD im Unternehmen U7 läßt sich in drei Phasen einteilen. Diese waren durch den am Markt verfügbaren Hardwarefortschritt gekennzeichnet. Die erste Phase war bestimmt durch die Möglichkeit der 16-Bit-Rechner, die zweite Phase durch die Einführung der 32-Bit-Technologie als Zentralrechnerkonzept für komplexe Anwendungen sowohl in der Zentrale als auch in den Werken. Die dritte Phase begann 1985. Sie wird die Phase der Breitenanwendung sein und ist charakterisiert durch den Einsatz relativ billiger Workstations samt Netzwerk, das diese nicht nur untereinander verbinden soll, sondern auch zum VAX-Zentralrechner. Damit soll eine maximale Durchdringung aller CAD-fähigen Einsatzgebiete in Entwicklung, Konstruktion und Fertigungsvorbereitung erreicht werden.

Phase 1: 1980 wurde Phase 1 wegen des ausgewählten Systems im Bereich Elektrotechnik und Elektronik mit der Einschulung des Teams in das Printentwurfssystem begonnen. Dabei handelte es sich um ein vollintegriertes System, das sowohl die interaktive Erfassung als auch die automatische Erstellung von Leiterplatten unterstützte. Zudem war noch eine CAD/CAM-Kopplung realisiert, die die Steuerinformation für ein NC-Bohrwerk lieferte.

Anhand dieses Systems konnten sowohl der Aufbau und die Arbeitsweise eines integrierten CAD-Systems als auch die Schwierigkeiten seines praktischen Einsatzes mit all den dabei auftretenden Handling- und Einführungsproblemen kennengelernt werden. Die dabei gewonnenen Erfahrungen waren für die Inangriffnahme der weiteren Projekte von großem Nutzen.

Neben der Einarbeitung in den CAD-Printentwurf begann die Systemanalyse für die Entwicklung eines eigenen integrierten Stromlaufplansystems, da auf dem Softwaremarkt ein derartiges nicht angeboten wurde.

Bei den Entwicklungen wurde von Anfang an eine vertikale Integration vom Entwurf bis zum fertigen Produkt verfolgt. Diese Strategie wird auch bei der Einbindung zugekaufter Software angewendet.

Die Implementierung dieses Paketes als auch der Programme für Funktionspläne haben die Grenzen eines 16-Bit-Rechners für die Bearbeitung komplexer Anlagenkonstruktionen aufgezeigt. Die Grenzen lagen einerseits im Mangel an einer großen Datenbasis sowie leistungsstarker Softwarewerkzeuge, andererseits vor allem in der zu geringen Performance. Diese drückt sich nicht nur in nicht vertretbaren Wartezeiten am Bildschirm aus, sondern insbesondere in den zu hohen spezifischen Arbeitsplatzkosten des Systems. Es wurde daher von einem weiteren Ausbau mit 16-Bit-Rechnern Abstand genommen, zumal der Übergang auf 32-Bit-Maschinen bei den CAD-Firmen bereits absehbar war.

Phase 2: 1983 wurde eine VAX 11/780 mit zunächst 6 Graphikarbeitsplätzen angeschafft (dies entspricht dem derzeitigen Stand).
1984 wurde das gleiche System mit 5 Graphikarbeitsplätzen und 4 alphanumerischen Editierplätzen in einem Zweigwerk von U7 installiert. Diese Anlage dient vorwiegend dem CAD/CAM-Einsatz im Elektromaschinen- und Trafobau und ist bereits teilweise im produktiven Einsatz.
1985 wurde in einem weiteren Zweigwerk ebenfalls ein System auf Basis VAX eingerichtet.

In Zusammenarbeit zwischen der zentralen CAD-Entwicklung und den Werken werden laufend weitere Anwenderprogramme entwickelt, z.B. für die

— Angebotslegung für Transformatoren
— Erstellung von Funktionsplänen
— Erstellung von Stromlaufplänen auf Basis eines logischen, funktionsbeschreibenden Entwurfs
— mechanische Konstruktion von Kommandozentralen in Kraftwerken (Mosaiktechnik)
— CAD/CAM-Kopplung für Wellen
— Läuferblechkonstruktion (Variantenkonstruktion)

Zusammen mit von U7 entwickelten zahlreichen Systemprogrammen, die u.a. auch den Durchsatz der CAD-Programme beschleunigen und damit eine weitere Rationalisierungsmöglichkeit erschließen, ist eine weitgehende Ausschöpfung des gesamten Rationalisierungpotentials möglich. Die Produktivitätsfaktoren steigen dabei um ein Vielfaches (von rd. 2 bei horizontaler, bis weit über 10 bei vertikaler Integration — je nach Anwendungsgebiet).

Eines der selbst entwickelten Systeme konnte durch großes Interesse der Fachwelt gemeinsam mit dem Systemlieferanten ausgebaut, marktreif gemacht und anschließend in den weltweiten Vertrieb übernommen werden.

Insgesamt arbeiten an dem CAD-System etwa 30 Personen (davon 6 Entwickler) im erweiterten Einschichtbetrieb.

Bedingt durch die Betriebsgröße und -struktur wurde das CAD-Projektteam institutionalisiert und mittlerweile als Abteilung, die für alle CAD / CAM-Belange zuständig ist, eingerichtet.

Phase 3: Das Zentralrechner-Konzept der Phase 2 ist in der Anzahl der betreibbaren Graphikarbeitsstationen sehr begrenzt und muß großen und komplexen Konstruktionsaufgaben vorbehalten werden.

Erst die dritte Phase wird eine breite Anwendung (d.h. zahlreiche Graphikarbeitsplätze, für je drei Konstrukteure etwa einer) ermöglichen. Voraussetzung hierzu sind intelligente und verhältnismäßig billige Graphikstationen (Workstations). Diese werden zur Kommunikation untereinander, aber auch zwecks Zugriff auf den Zentralrechner mit Hilfe eines lokalen Netzwerkes (z.B. ETHERNET) zu verbinden sein. Darüber hinaus wird es Verbindungen mit den schon angeführten Planungs-, Dispositions- und Informationssystemen geben. Die Einführung dieser Workstations wurde versuchsweise bereits begonnen.

Softwaremäßig wird es auf der Maschinenbauseite eine Erweiterung der Möglichkeiten durch Einführung eines zugekauften Solid-Modeling-Paketes geben, womit eine wertvolle Ergänzung der Drahtmodelltechnik zum Erarbeiten der Basisgeometrie ermöglicht wird. Durch den Zukauf eines Programmes für die Variantenkonstruktion können kleine bis mittlere Konstruktionen durch Parametrisierung generiert werden. Komplexe Konstruktionen müssen nach wie vor mittels Graphiksprache vom Entwicklungspersonal geschrieben werden.

Anwendererfahrungen

Es zeigt sich, daß der Kauf eines CAD-Systems zusätzliche Eigenleistungen erfordert (abgesehen vom Einschulungsaufwand), um die Programme anwendungsfreundlich zu gestalten bzw. daß viele erst noch geschrieben werden mußten. Die meisten Standardprogramme waren für die firmenspezifischen Erfordernisse erweiterungs- und anpassungsbedürftig. Für diese Erweiterungen und Anpassungen haben sich die graphischen Programmiersprachen als sehr leistungsfähiges Werkzeug erwiesen. Darüber hinaus waren für den produktiven Einsatz dieser Programme Symbol- und Bauteilbibliotheken einzurichten.

Die Erreichung der Wirtschaftlichkeit (Amortisationszeit) ist durch die heterogene Produktstruktur und die unterschiedliche Effizienz von selbstentwickelten Programmen von vornherein nicht leicht festzustellen und wird vom Interviewten bei einem Gesamtinvestitionsvolumen von rd. öS 20 Mio mit 3 bis 6 Jahren angegeben. Der Ankauf billiger Workstations erleichtert das Erreichen der Rentabilitätsschwelle. Als sehr förderlich erwiesen sich beachtliche Zuschüsse des Forschungsförderungsfonds. Der in die Wirtschaftlichkeitsbetrachtung nicht einbezogene indirekte Nutzen von CAD, der durch qualitativ bessere und inhaltlich richtigere Unterlagen erreicht wurde, wird als sehr hoch eingeschätzt, jedoch von den Nutznießern nicht immer zugegeben.

Um Schnittstellenprobleme zumindest reduzieren zu können, wird vom Projektleiter empfohlen, vor der Systemauswahl ein Grobkonzept zu erstellen, das angrenzende Anwendungen miteinbezieht.

Der Kontakt mit dem Hersteller entwickelte sich zu einer sehr positiven Partnerschaft. Dadurch können Leistungen des Herstellers gegen Technologie-know how des Anwenders ausgetauscht werden.

6 Fördernde und hemmende Faktoren der Einführung von CAD/CAM

Für die Ermittlung der fördernden und hemmenden Faktoren wurden bereits in der empirischen Studie zum Einsatz von CAD/CAM in Österreich[178] die Unternehmen ersucht, anzugeben, ob sie zu weiteren Informationen über CAD/CAM bereit sind. Diese Frage beantworteten 47 der 104 Unternehmen positiv und wurden deshalb anschließend, im Rahmen einer zweiten empirischen Erhebung, mit Fragen zu fördernden und hemmenden Faktoren konfrontiert. Die Erhebung und Auswertung des Fragebogens wird im Abschnitt 6.1 dargestellt. Anschließend wird in Abschnitt 6.2 versucht, die wichtigsten der erhobenen fördernden und hemmenden Faktoren zu interpretieren.

6.1 Erhebung und Auswertung der Faktoren

Im Rahmen der sieben Fallstudien[179] wurden gemeinsam mit den Interviewten fördernde und hemmende Faktoren ermittelt und dem Fragebogen zugrundegelegt. Ein Musterexemplar findet sich in Tabelle 16. Bei diesen sieben Unternehmen wurden die Faktoren persönlich erhoben. Zusätzlich wurde der Fragebogen an die genann-

---

[178] Vgl. Abschnitt 4, S. 86 ff.
[179] Vgl. Abschnitt 5, S. 105 ff.

ten 47 Unternehmen ausgeschickt, wovon 25 retourniert und 23 ausgewertet wurden. Zusammen mit den sieben persönlich erhobenen stellen somit insgesamt 30 Unternehmen die Basis der Auswertung dar.

Die Darstellung der Ergebnisse wird mit einem Überblick zur Struktur der 30 ausgewerteten Unternehmen eingeleitet.

Die Unternehmen gehören den folgenden Wirtschaftszweigen an:

15	METALLVERARBEITUNG	50%
6	ELEKTROTECHNIK, ELEKTRONIK	20%
2	BAUWESEN	7%
2	HOLZ- UND KUNSTSTOFFVERARBEITUNG	7%
5	ANDEREN WIRTSCHAFTSZWEIGEN	16%

Damit wurde eine der CAD-Befragung[180] vergleichbare Branchenstruktur angesprochen.

Nach der Betriebsgröße waren die Befragten wie folgt einzuordnen:

1	bis 50 BESCHÄFTIGTE	3%
2	51 bis 100 BESCHÄFTIGTE	7%
4	101 bis 200 BESCHÄFTIGTE	13%
7	201 bis 500 BESCHÄFTIGTE	23%
16	über 500 BESCHÄFTIGTE	54%

Der hohe Anteil (über 50%) von Unternehmen mit über 500 Mitarbeitern muß bei der Interpretation der Ergebnisse berücksichtigt werden.

Nach dem Abhängigkeitsverhältnis enthalten die Ergebnisse:

19	SELBSTÄNDIGE UNTERNEHMEN	63%
6	TOCHTERUNTERNEHMEN INLÄNDISCHER KONZERNE	20%
5	TOCHTERUNTERNEHMEN AUSLÄNDISCHER KONZERNE	17%

---

[180] Vgl. Abschnitt 4, S. 96.

Fragen zu den foerdernden und hemmenden Faktoren   Seite 1

Bitte ausfuellen und anonym ruecksenden an:

Peter Derl
Stuckgasse 8/7-8
A-1070 Wien

Um eine Grobzuordnung des Wirtschaftszweiges, der Unternehmensstruktur und der CAD/CAM-Kategorie vornehmen zu koennen ersuche ich Sie nochmals um folgende Angaben.

1. Welchem Wirtschaftszweig gehoert Ihr Unternehmen an ?

    O   Metallverarbeitung
    O   Elektrotechnik, Elektronik
    O   Kunststoffverarbeitung
    O   Holzverarbeitung
    O   Bauwesen
    O   anderer Wirtschaftszweig ....

2. Wieviele Mitarbeiter/Beschaeftigte hatten Sie Ende 1984 ?

    O   bis   50   Beschaeftigte
    O   51   bis   100   Beschaeftigte
    O   101 bis   200   Beschaeftigte
    O   201 bis   500   Beschaeftigte
    O   mehr als   500   Beschaeftigte.

3. Sind Sie ein

    O   selbststaendiges Unternehmen
    O   Tochterunternehmen eines inlaendischen Konzerns
    O   Tochterunternehmen eines auslaendischen Konzerns

4. Einsatz eines C A D / C A M - Systems ?

    O   nein - keine sinnvolle Einsatzmoeglichkeit vorhanden
    O   nein - (noch) zu teuer
    O   geplant, ab ....
    O   ja, seit   ....

5. Hoehe des (geplanten) Investitionsvolumens ?
   (Hardware, Software, Beratung und Ausbildung)

    O   bis   500.000.- OeS
    O   zwischen   500.000.- und 1 Million OeS
    O   zwischen   1 Million und 3 Millionen OeS
    O   ueber   3 Millionen OeS

Tab. 16: Fragebogen zur Erhebung fördernder und hemmender Faktoren (Seiten 144 bis 148).

Fragen zu den foerdernden und hemmenden Faktoren　　　Seite 2

Bei den folgenden Fragen ersuche ich Sie die einzelnen Punkte nach ihrer Bedeutung fuer Sie zu reihen.

Zeilen, die Sie fuer die Vorbereitung oder Einfuehrung des CAD/CAM-Systemes als unwichtig ansehen streichen Sie bitte durch.

Fuegen Sie bitte Punkte, die ich nicht beruecksichtigt habe hinzu.

Bitte geben Sie zu den 3 wichtigsten Punkten je Frage eine kurze Erlaeuterung (bei Platzmangel, bitte auf der Rueckseite).

Schreiben Sie bitte auf die linke Seite je Zeile ob dieser Punkt einen foerdernden (F), hemmenden (H) oder neutralen (N) Faktor darstellt und kreuzen Sie rechts die Auspraegung des Faktors an.

Ich danke Ihnen im voraus fuer Ihre Muehe.

I. Finanzielle Faktoren:

F/N/H
. Finanzierungspotential bei Ihnen   hoch |--------------| nieder
. notwendige andere Investitionen   nein |--------------| ja

. Investitionshoehe fuer CAD/CAM   nieder |--------------| hoch
. Preise fuer 'gute' Peripherie   normal |--------------| hoch
. Schulungs- und Ausbildungskosten   nieder |--------------| hoch
. Personalaufwand fuer CAD-Gruppe   nieder |--------------| hoch
. Systemerweiterungskosten   nieder |--------------| hoch
. Erreichung der Wirtschaftlichkeit   leicht |--------------| schwer
. Amortisationsdauer in Jahren   1 Jahr |--------------| 9 Jahre
. Kosten fuer Schnittstellenanpassung   nieder |--------------| hoch
. laufende Betriebskosten, gesamt   nieder |--------------| hoch
. Kosten - Herstellerunterstuetzung   nieder |--------------| hoch
. Kosten - externer Berater   nieder |--------------| hoch

. Foerderungsunterstuetzung in %   50 % |--------------| 0 %
. sonstige Finanzierungshilfen   ja |--------------| nein

  .... |--------------|

  .... |--------------|

Erlaeuterungen: ....

  ....

  ....

  ....

Fragen zu den foerdernden und hemmenden Faktoren   Seite 3

II. Betriebsstruktur - Organisation:

F/N/H
```
. Betriebliche Struktur geeignet          ja   |--------------| nein
. Anlagevermoegen - Maschinen             neu  |--------------| alt
. Anwendung von high-technology           ja   |--------------| nein
. Risikobereitschaft des Unternehmens     hoch |--------------| nieder
. EDV  know - how  vorhanden              ja   |--------------| nein
. CAD/CAM - Kenntnisse vorhanden          ja   |--------------| nein
. Produktionsprogramm geeignet            ja   |--------------| nein
. Standardisierung, Normung ausreichend   ja   |--------------| nein
. Eingriff in Ablauforganisation notw.    nein |--------------| ja
. Bereichsuebergreifende Wirkungen        nein |--------------| ja
. Aenderung von Zustaendigkeiten notw.    nein |--------------| ja
. Besserer Informationsfluss notwendig    ja   |--------------| nein

  ................                             |--------------|

  ................                             |--------------|
```

Erlaueterungen: . . . .

. . . .

. . . .

. . . .

. . . .

III. Personelle Faktoren:

F/N/H
```
. Unterstuetzung durch das Management     ja   |--------------| nein
. Entschlussfreudiges Management          ja   |--------------| nein
. Initiative einzelner Personen           ja   |--------------| nein
. Qualifiziertes Personal vorhanden       ja   |--------------| nein
. Personal - Entwicklungsfaehigkeit       ja   |--------------| nein
. Foerderung geeigneter Mitarbeiter       ja   |--------------| nein
. Flexibilitaet der Mitarbeiter           ja   |--------------| nein
. Bereitschaft zum Umlernen, Umdenken     ja   |--------------| nein
. Vorurteile, Widerstaende Management     nein |--------------| ja
. Vorurteile, Widerstaende Mitarbeiter    nein |--------------| ja
. Vorurteile, Widerstaende Betriebsrat    nein |--------------| ja

  ................                             |--------------|

  ................                             |--------------|
```

Erlaueterungen: . . . .

. . . .

. . . .

. . . .

Fragen zu den foerdernden und hemmenden Faktoren   Seite 4

IV. Systemauswahl:

F/N/H

- Komplexitaet von CAD/CAM-Systemen   nieder |--------------| hoch
- Marktueberblick (CAD/CAM-Systeme)   leicht |--------------| schwer
- Vergleichen von CAD/CAM-Systemen   leicht |--------------| schwer
- Feststellen von Maengeln (vorher)   leicht |--------------| schwer
- Systematische Bedarfsanalyse im Betrieb   ja |--------------| nein
- Deckungsgrad: System mit Anforderung   hoch |--------------| nieder
- Ermittlung der Wirtschaftlichkeit   leicht |--------------| schwer
- Haben (planen) Sie ein OFFENES System   ja |--------------| nein
- Ergonomische Gestaltungsmoeglichkeit   gut |--------------| schlecht
- Standardisierung, Normung ausreichend   ja |--------------| nein
- Anpassungsaufwand an Anforderungen   nieder |--------------| hoch
- Benutzerfuehrung - Menuegestaltung   gut |--------------| schlecht
- Dateiverwaltung - Suchmoeglichkeiten   gut |--------------| schlecht

.... |--------------|

.... |--------------|

Erlaueterungen: ....

....

....

....

....

V. Einfuehrung:

F/N/H

- Geeignete Einfuehrungsstrategie   ja |--------------| nein
- ausreichend Zeit fuer die Vorbereitung   ja |--------------| nein
- ausreichend Zeit fuer die Ausbildung   ja |--------------| nein
- ausreichend Zeit fuer die Einfuehrung   ja |--------------| nein
- Unterstuetzung durch den Hersteller   gut |--------------| schlecht
- Unterstuetzung durch externe Berater   gut |--------------| schlecht
- Unterstuetzung durch Muttergesellschaft   ja |--------------| nein
- Festgestellte Maengel (nachher)   nein |--------------| ja
- Behebung der Maengel durch: Hersteller |----selbst----| nicht
- Programmanpassung (unerwuenschte)   nein |--------------| ja
- Probleme mit Systemschnittstellen   nein |--------------| ja

.... |--------------|

.... |--------------|

Erlaueterungen: ....

....

....

Fragen zu den foerdernden und hemmenden Faktoren   Seite 5

VI. Profil des (der) CAD/CAM-Verantwortlichen:

F/H
. Engagement vorhanden   ja |---------------| nein
. Fachkenntnisse vorhanden (Techniker)   ja |---------------| nein
. Betriebserfahrung (Zusammenhaenge)   ja |---------------| nein
. EDV-Erfahrung (Hardware,Betriebssystem) ja |---------------| nein
. CAD/CAM-Erfahrung   ja |---------------| nein
. Organisationsfaehigkeiten   ja |---------------| nein
. Fuehrungsqualitaeten   ja |---------------| nein
. wird er akzeptiert   ja |---------------| nein

. . . . |---------------|

. . . . |---------------|

Erlaueterungen: . . . .

        . . . .

        . . . .

        . . . .

        . . . .

Fuer etwaige Rueckfragen oder Anregungen bin ich unter den unten
angefuehrten Rufnummern erreichbar. Ich danke Ihnen im voraus fuer
Ihre Muehe und ersuche Sie um Ruecksendung an:

Peter Derl

Stuckgasse 8/7-8

A 1070 Wien

Tel. 0222 / 85 05 559   oder
            93 70 072

Auch diese Struktur entspricht in etwa jener der CAD-Befragung.

Die CAD-Struktur stellt sich wie folgt dar:

3	CAD-EINSATZ (NOCH) ZU TEUER	10%
13	PLANEN DIE CAD-EINFÜHRUNG	43%
14	SETZEN EIN CAD-SYSTEM BEREITS EIN	47%

Die Unternehmen, die CAD bereits einsetzen, sind am stärksten vertreten.

Die Höhe des (geplanten) Investitionsvolumens beträgt bei:

1	bis 500.000 öS	3%
3	500.000 bis 1,000.000 öS	10%
11	1,000.000 bis 3,000.000 öS	37%
13	über 3,000.000 öS	43%
2	NICHT ANGEGEBEN	7%

Auch die Investitionshöhe ist mit jener der CAD-Befragung vergleichbar.

Im folgenden werden die Ergebnisse der einzelnen Faktoren dargestellt. Zur Ermittlung der Werte wurden die Antworten 5 Klassen zugeordnet und anschließend daraus die Mittelwerte errechnet. Diese Rechnung wurde getrennt nach Unternehmen, die den CAD-Einsatz planen, und Unternehmen, die CAD bereits eingeführt haben, vorgenommen. Jene 3 Betriebe, die der CAD-Struktur „(noch) zu teuer" angehören, werden in diese Betrachtung nicht miteinbezogen; ihre Antworten waren jedoch den Antworten von Betrieben, die den CAD-Einsatz planen, ähnlich.

Die Darstellung erfolgt entsprechend der Fragebogengliederung in Faktorengruppen zusammengefaßt und beginnt mit den Ergebnissen zu den finanziellen Faktoren (Abb. 83).

Die Fragestellung wurde durchgehend darauf ausgelegt, daß die Ergebnisse tendenziell bei fördernden Faktoren auf die linke, bei hemmenden auf die rechte Seite ausschlagen.

I. FINANZIELLE FAKTOREN

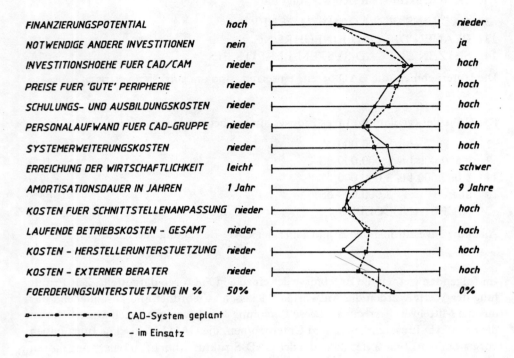

Abb. 83: Finanzielle Faktoren

Als Hauptthemmnisse stellen sich die Investitionshöhe für CAD/CAM und (damit) die schwer erreichbare Wirtschaftlichkeit dar.
Die Übereinstimmung der Betriebe, die den CAD-Einsatz planen und den CAD-Anwendern könnte als Hinweis auf eine realistische Einschätzung der finanziellen Anforderungen durch die planenden Unternehmen gedeutet werden.

Bei den Ergebnissen zur Betriebsstruktur und Organisation sind gewisse Unterschiede zwischen den CAD-Anwendern und jenen, die den CAD-Einsatz planen, erkennbar (Abb. 84).

II. BETRIEBSSTRUKTUR - ORGANISATION

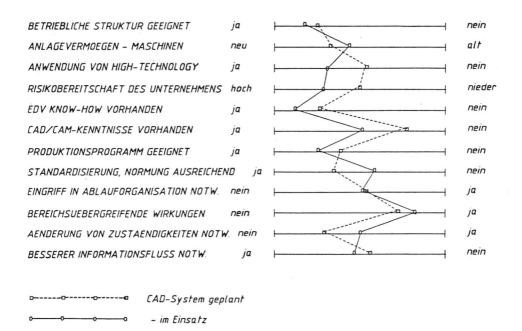

Abb. 84:   Faktoren zur Betriebsstruktur und Organisation

Als hemmende Faktoren können fehlende CAD/CAM-Kenntnisse und bereichsübergreifende Wirkungen herausgelesen werden. Unternehmen, die ein CAD/CAM-System bereits einsetzen, bekundeten eine tendenziell höhere Risikobereitschaft, geeignetere betriebliche Strukturen und ein geeigneteres Produktionsprogramm als jene Unternehmen, die den Einsatz planen. Sie gaben tendenziell die Standardisierung und Normung als weniger ausreichend an, bereichsübergreifende Wirkungen und die Notwendigkeit der Änderung von Zuständigkeiten schätzten sie höher ein als jene ohne CAD-Erfahrung. Aus den höheren EDV- und CAD/CAM-Kenntnissen könnte ein durch die Einführung in Gang gesetzter Lernprozeß abgeleitet werden.

Bei der Interpretation der Ergebnisse zu den personellen Faktoren (Abb. 85) scheinen gewisse Einschränkungen angebracht. Da jene Personen angeschrieben wurden, deren Namen und Firmenanschriften durch Kongreßbesuche und dergleichen bekannt waren, muß angenommen werden, daß die Befragten bei einzelnen dieser Faktoren über sich selbst Auskunft gaben.

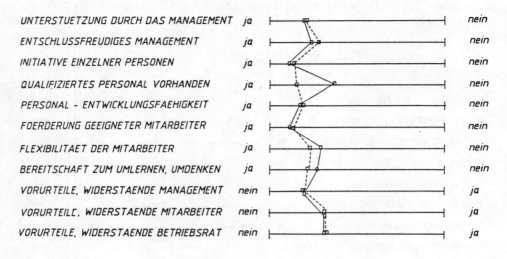

Abb. 85: Personelle Faktoren

Eine Möglichkeit der (vorsichtigen) Interpretation könnte dennoch darin bestehen, die Ergebnisse einzelner Fragen in Relation zu anderen zu stellen. Das würde bedeuten, daß z.B. die Initiative einzelner Personen durch geringere Entschlußfreudigkeit des Managements gebremst wird (mehr als 50% der Befragten beschäftigt über 500 Mitarbeiter); weiters, daß Vorurteile und Widerstände der Mitarbeiter und Betriebsräte etwas größer als beim Management, dort aber auch vorhanden sind; daß durch die Einführung von CAD der Mangel an entsprechend qualifiziertem Personal spürbarer wird und daß die Entwicklungsfähigkeit und ihre betriebliche Förderung höher eingeschätzt wird als die Bereitschaft und Flexibilität der Mitarbeiter. Da bei 7 der 30 Unternehmen die Faktoren in persönlichen Gesprächen erfaßt wurden, weist manches auf die Zulässigkeit dieser Interpretationsweise hin. Zum Abschluß der Betrachtungen dieser Faktoren wird die Initiative einzelner Personen als Hauptkriterium ausgewählt.

Bei den Faktoren zur Systemauswahl (Abb. 86) wird darauf hingewiesen, daß jene Fragen[181], die qualifiziertere Systemerfahrungen verlangen, nicht für alle Unternehmen, die den CAD-Einsatz planen, beantwortbar waren. Die Gegenüberstellung dieser Fragen kann eher als Vergleich zwischen Wunschvorstellungen und Wirklichkeit angesehen werden.

---

[181] Die betreffenden Fragen wurden in der Abbildung angekreuzt.

IV. SYSTEMAUSWAHL

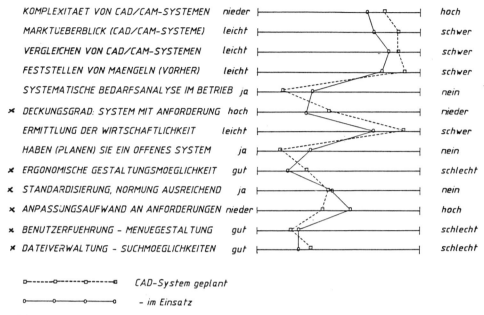

Abb. 86: Faktoren zur Systemauswahl

Als die wichtigsten Faktoren werden die Komplexität der Systeme und der schwierige Marktüberblick, die das Feststellen von Mängeln und den Vergleich zwischen den Systemen erschweren, genannt. Da auch die Wirkungen des Systems vor Einführung mangels Erfahrungen nur vermutet bzw. erhofft werden können, wird auch die Ermittlung der Wirtschaftlichkeit sehr erschwert. Beabsichtigte Bedarfsanalysen fallen meist besser aus als tatsächlich durchgeführte. Die „Offenheit" des Systems dürfte sich nach erfolgter Einführung „geschlossener" erweisen als in den Verkaufsbroschüren versprochen. Den letzten beiden Sätzen muß hinzugefügt werden, daß durch die geringe Stichprobe kein ausreichendes Signifikanzniveau, sondern lediglich tendenzielle Unterschiede zu diesen Aussagen führten.

Bei den Faktoren zur Einführung (Abb. 87) von CAD-Systemen gelten die gleichen Einschränkungen wie bei der Systemauswahl.[182]

---

[182] Fragen, die weniger als 10 Antworten enthalten, wurden angekreuzt (betrifft nur Unternehmen, die den Einsatz von CAD planen).

V. EINFUEHRUNG

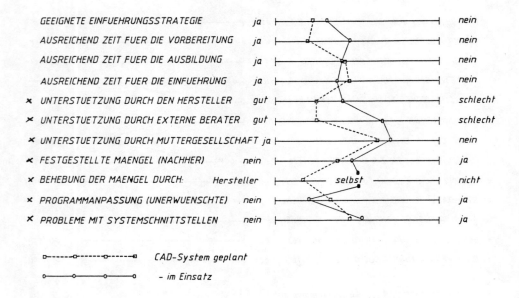

Abb. 87: Faktoren zur Einführung von CAD/CAM

Tendenziell scheint die eingetroffene Realität hinter den Erwartungen zurückzubleiben. Die verfügbare Vorbereitungszeit wird vor Einführung optimistischer eingeschätzt als nachher. Die Unterstützung von außen traf nicht im erwarteten Ausmaß ein, mehr Mängel als erwartet mußten festgestellt werden und die Behebung dieser Mängel mußte teilweise selbst vorgenommen werden. Die Unterstützung durch die Muttergesellschaft wird teilweise nicht erwartet oder erwünscht. In dieser Faktorgruppe kann kein Kriterium als stark fördernd oder hemmend identifiziert werden.

Obwohl noch stärker als bei den personellen Faktoren vermutet werden mußte, daß der Befragte über sich selbst Auskunft geben sollte, wurde der Versuch unternommen, etwas über das Profil des CAD/CAM-Verantwortlichen zu erfahren (Abb. 88).

VI. PROFIL DES (DER) CAD/CAM-VERANTWORTLICHEN

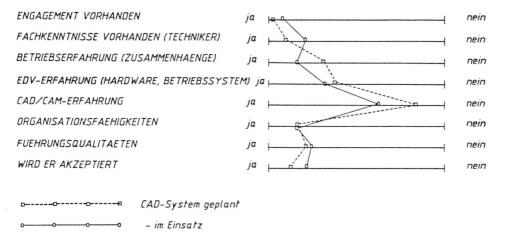

Abb. 88: Profil des (der) CAD/CAM-Verantwortlichen

Am wichtigsten und förderndsten wurde sein Engagement angegeben. Dem können in der genannten Reihenfolge geringe CAD/CAM- oder EDV-Erfahrungen hemmend entgegentreten.

Wurde die Einführung bewältigt, können diese Hemmnisse mit der Zeit (und zunehmender Erfahrung) verringert werden.

6.2 Fördernde und hemmende Faktoren

In Abschnitt 6.1 waren bereits gewisse Schwerpunkte erkennbar. Zusätzlich wurden die Unternehmen ersucht, die einzelnen Fragen als „fördernd", „hemmend" oder „neutral" zu klassifizieren. Das Ergebnis dieser Zuordnung soll nun gegliedert nach fördernden und hemmenden Faktoren und innerhalb dieser nach der Anzahl der Nennungen dargestellt werden.

Fördernde Faktoren

	CAD-Systeme		
	geplant (13)	im Einsatz (14)	Summe (27)
1. Engagement des (der) CAD/CAM- Verantwortlichen	11	12	23
2. Initiative einzelner Mitarbeiter	8	9	17
3. Fachkenntnisse vorhanden (Techniker)	7	9	16
EDV- know how	5	11	16
5. Unterstützung durch das Management	7	8	15
Entschlußfreudiges Management	7	8	15
Förderung geeigneter Mitarbeiter	6	9	15
Betriebliche Struktur geeignet	7	8	15
Produktionsprogramm geeignet	7	8	15
10. Personal-Entwicklungsfähigkeit	6	8	14

Hemmende Faktoren

	CAD-Systeme		
	geplant (13)	im Einsatz (14)	Summe (27)
1. Komplexität von CAD/CAM-Systemen = HOCH	7	8	15
Vergleichen von CAD/CAM-Systemen = SCHWER	7	8	15
3. Investitionshöhe für CAD/CAM = HOCH	8	6	14
Marktüberblick (CAD/CAM-Systeme) = SCHWER	7	7	14
Feststellen von Mängeln (vorher) = SCHWER	6	8	14
6. Ermittlung der Wirtschaftlichkeit = SCHWER	7	5	12
7. Bereichsübergreifende Wirkungen = JA	4	7	11
8. Notwendige andere Investitionen = JA	6	4	10
9. CAD/CAM-Erfahrung = NEIN	6	4	10
10. Probleme mit Systemschnittstellen (nur bei CAD-Einsatz	-	8	8

Es wird nochmals darauf hingewiesen, daß in diesen Ergebnissen Unternehmen enthalten sind, die bereits ein CAD/CAM-System einsetzen oder den Einsatz planen. Geht man davon aus, daß fördernde Faktoren helfen, hemmende zu überwinden, müßte aus einer Gegenüberstellung der Faktoren ersichtlich sein, welche Einflüsse zur Bewältigung der Probleme in diesen Unternehmen maßgeblich waren. Mit der Zielsetzung, die Wirkungszusammenhänge fördernder und hemmender Faktoren aufzuzeigen, soll der Versuch unternommen werden, eine Gegenüberstellung auf Basis der vorliegenden Ergebnisse durchzuführen.

Voraussetzung dazu ist, daß die einzelnen Faktoren in einen Beziehungszusammenhang gebracht werden können. Das Promotorenmodell von Witte[183] scheint durch die Einteilung der Barrieren in Willens- und Wissensbarrieren, die durch den Einsatz von Macht- und Fachenergie überwunden werden, dazu geeignet.

Durch Zuordnung der fördernden Faktoren zur Macht- oder Fachenergie und der hemmenden Faktoren zu den Willens- oder Wissensbarrieren kann eine Struktur geschaffen werden, die Wirkungszusammenhänge fördernder und hemmender Faktoren aufzeigt (siehe Tabelle 17, Seite 158).

Die Investitionshöhe (vgl. Tab. 17) als Hemmnis bei Einführung von CAD/CAM-Systemen, die jeweils in Konkurrenz zu alternativen Investitionsaufwendungen steht, kann durch Unterstützung eines entschlußfreudigen Managements, z.B. in der Rolle von Machtpromotoren, bewältigt werden.

Widerstände und Probleme durch bereichsübergreifende Wirkungen dieser Systeme können durch das Engagement des CAD/CAM-Verantwortlichen, z.B. in der Rolle eines Fachpromotors, gemeinsam mit der Unterstützung durch einen Machtpromotor beseitigt werden.

Voraussetzung dazu ist die Überwindung von Fähigkeits- bzw. Wissensbarrieren, die sich durch die Neuheit von CAD/CAM-Systemen in fehlenden Erfahrungen und den daraus resultierenden Folgeproblemen, wie der hoch empfundenen Komplexität und dem schwierigen Marktüberblick usw., manifestieren. Diesen Hemmnissen kann mit entsprechenden Fachkenntnissen und EDV-know how, ergänzt mit einer CAD/CAM-Ausbildung sowie Förderung geeigneter und initiativer Mitarbeiter, begegnet werden.

Geeignete betriebliche Strukturen und Produktionsprogramme erleichtern zusammen mit guten Fachkenntnissen auch in bezug auf CAD/CAM die Ermittlung der Wirtschaftlichkeit.

Durch diese Überlegungen zu möglichen Zusammenhängen fördernder und hemmender Faktoren sollte zum Abschluß der Arbeit ein kleiner Beitrag zu deren Überwindung erbracht werden.

---

[183] Vgl. WITTE, E. (Innovationsentscheidungen), S. 14 ff.

WILLENSBARRIEREN	MACHTENERGIE
INVESTITIONSHÖHE	ENTSCHLUSSFREUDIGES MANAGEMENT
NOTWENDIGE ANDERE INVESTITIONEN	UNTERSTÜTZUNG DURCH DAS MANAGEMENT
BEREICHSÜBERGREIFENDE WIRKUNGEN	ENGAGEMENT DES CAD/CAM-VERANTWORTLICHEN
WISSENSBARRIEREN	FACHENERGIE
FEHLENDE CAD/CAM-ERFAHRUNG - KOMPLEXITÄT VON CAD/CAM-SYSTEMEN - VERGLEICHEN VON CAD/CAM-SYSTEMEN - MARKTÜBERBLICK CAD/CAM-SYSTEME - FESTSTELLEN VON MÄNGELN (VORHER) - PROBLEME MIT SYSTEMSCHNITTSTELLEN	PERSONALENTWICKLUNGSFÄHIGKEIT FÖRDERUNG GEEIGNETER MITARBEITER INITIATIVE EINZELNER MITARBEITER
	EDV-KNOW HOW
ERMITTLUNG DER WIRTSCHAFTLICHKEIT	FACHKENNTNISSE VORHANDEN (TECHNIKER) BETRIEBLICHE STRUKTUR GEEIGNET PRODUKTIONSPROGRAMM

Tab. 17: Wirkungszusammenhänge fördernder und hemmender Faktoren

Anhang

Erläuterungen zur Interpretation der Ergebnisse

Die Auswertungen enthalten ZEILENWEISE die Antworten zu den einzelnen Fragen des Fragebogens.

Die 1. Zeile je Seite enthält die Summe der selektierten Kriterien.

Jede Zeile umfaßt bis zu 5 ERGEBNISSPALTEN, deren Inhalt der Überschrift entnommen werden kann.

In jeder Spalte werden je Zeile 3 Werte ausgewiesen:
1. die absolute ANZAHL (abhängig vom Selektionskriterium)
2. der relative %-ANTEIL der jeweiligen Spalte bezogen auf die SPALTE 1 (Zeilensumme)
3. der relative %-Anteil der Rubrik bezogen auf die SPALTENSUMME (1. Zeile auf jeder Seite)

(„SU" steht für 100%)

Bei der Verwendung der Werte ist auf die mögliche Mehrfachnennung einzelner Kriterien sowie auf die der Spalte zugrunde liegende Selektion zu achten.

FRAGEBOGENAUSWERTUNG - DERL, TEIL 1.3
NACH DER CAD - STRUKTUR - GESAMT

		GESAMT SUMME ALLER UNTERNEHMEN		CAD - NICHT SINNVOLL		CAD - NOCH ZU TEUER		CAD GEPLANT		CAD ANWENDUNG	
		ANZ ZEI% SP%		ANZ ZEI% SP%		ANZ ZEI% SP%		ANZ ZEI% SP%		ANZ ZEI% SP%	
SUMME DER FIRMEN, AUF DIE DIE SELEKTIONSKRITERIEN ZUTREFFEN		104 SU		18 17% SU		26 25% SU		35 34% SU		25 24% SU	
1. WELCHEM WIRTSCHAFTSZWEIG GEHOERT IHR UNTERNEHMEN AN											
124 000 METALLVERARBEITUNG		55 SU	53%	6	11% 33%	19	35% 73%	19	35% 54%	11	20% 44%
125 000 ELEKTROTECHNIK, ELEKTRONIK		16 SU	15%	1	6% 6%	2	13% 8%	5	31% 14%	8	50% 32%
127 000 BAUWESEN		17 SU									
128 000 HOLZ- UND KUNSTSTOFFVERARBEITUNG		12 SU	12%	3	25% 17%			3	25% 9%	4	33% 16%
130 000 ANDERER WIRTSCHAFTSZWEIG		14 SU	13%	4	29% 22%	1	7% 4%	4	29% 11%	5	36% 20%
2. WIEVIELE BESCHAEFTIGTE HATTEN SIE ENDE 1984											
131 000 BIS 50 BESCHAEFTIGTE		12 SU	12%	5	42% 28%	4	33% 15%	1	8% 3%	2	17% 8%
132 000 51 BIS 100 BESCHAEFTIGTE		19 SU	18%	3	16% 17%	6	32% 23%	7	37% 20%	3	16% 12%
133 000 101 BIS 200 BESCHAEFTIGTE		26 SU	25%	6	23% 33%	8	31% 31%	11	42% 31%	1	4% 4%
134 000 201 BIS 500 BESCHAEFTIGTE		36 SU	35%	2	6% 11%	9	25% 35%	14	39% 40%	13	36% 52%
3. WIE HOCH WAR IHR UMSATZ IM JAHR 1984											
136 000 BIS 50 MILLIONEN OES		17 SU	16%	5	29% 28%	7	41% 27%	3	18% 9%	2	12% 8%
137 000 51 BIS 100 MILLIONEN OES		19 SU	18%	4	20% 22%	9	33% 15%	11	55% 31%	1	4% 4%
138 000 101 BIS 250 MILLIONEN OES		20 SU	19%	3	15% 17%	4	33% 15%	5	42% 14%	5	26% 20%
139 000 251 BIS 500 MILLIONEN OES		26 SU	25%	2	8% 11%	6	19% 23%	13	50% 37%	5	19% 20%
140 000 UEBER 500 MILLIONEN OES		31 SU	30%			2	6% 8%	14	40% 40%	12	39% 48%
4. WIE GROSS WAR DER EXPORTANTEIL AM UMSATZ 1984											
142 000 KEINE EXPORTUMSAETZE		8 SU	8%	3	33% 17%	5	50% 19%	2	25% 6%		
143 000 BIS 10 %		15 SU	14%	3	20% 17%	2	13% 8%	5	27% 14%	5	33% 20%
144 000 ZWISCHEN 11 UND 25 %		17 SU	16%	3	18% 17%	2	13% 8%	4	24% 11%	8	47% 32%
145 000 ZWISCHEN 26 UND 50 %		17 SU	16%	2	13% 11%	2	13% 8%	11	55% 31%	2	13% 8%
146 000 UEBER 50 %		46 SU	44%	6	13% 33%	13	28% 50%	14	30% 40%	13	28% 52%
5. ZU WELCHEM UNTERNEHMENSTYP ZAEHLEN SIE SICH											
148 000 VORWIEGEND EINZELFERTIGUNG - AUFTRAGSBEZOGEN		55 SU	53%	9	16% 50%	11	24% 33%	20	36% 57%	13	24% 52%
149 000 VORWIEGEND SERIENFERTIGUNG		39 SU	38%	7	18% 39%	13	33% 50%	11	28% 31%	4	21% 32%
150 000 VORWIEGEND MASSENFERTIGUNG		8 SU	8%	1	13% 6%	1	13% 4%	5	63% 11%	3	38% 12%
7. VERSTEHEN SIE SICH ALS											
152 000 ZULIEFERERFIRMA		36 SU	35%	11	31% 61%	8	22% 30%	14	39% 40%	12	33% 48%
153 000 FINALBETRIEB		80 SU	77%	11	14% 61%	21	26% 81%	22	28% 63%	17	21% 68%
8. ABHAENGIGKEIT											
155 000 SELBSTSTAENDIGES UNTERNEHMEN		73 SU	70%	13	18% 72%	21	29% 81%	22	30% 63%	17	23% 68%
156 000 TOCHTER EINES INLAENDISCHEN KONZERNS		15 SU	14%	2	13% 11%	4	25% 15%	5	33% 14%	4	27% 16%
157 000 TOCHTER EINES AUSLAENDISCHEN KONZERNS		16 SU	15%	3	19% 17%	1	6% 4%	8	50% 23%	4	25% 16%

FRAGEBOGENAUSWERTUNG - DERL, TEIL 1.3

NACH DER CAD - STRUKTUR - GESAMT

SUMME DER FIRMEN, AUF DIE DIE SELEKTIONSKRITERIEN ZUTREFFEN

		GESAMT SUMME ALLER UNTERNEHMEN			CAD - NICHT SINNVOLL			CAD - NOCH ZU TEUER			CAD GEPLANT			CAD ANWENDUNG		
		ANZ	ZEI%	SP%	ANZ	ZEI%	SP%	ANZ	ZEI%	SP%	ANZ	ZEI%	SP%	ANZ	ZEI%	SP%
		104	SU	SU	18	17%	SU	26	25%	SU	35	34%	SU	25	24%	SU

10. DIE BEDEUTENDSTEN AENDERUNGEN DER LETZTEN 10 JAHRE

	PRODUKTSTRUKTUR																
252	VERAENDERT	53	SU	51%	7	13%	39%	13	25%	50%	20	38%	57%	13	25%	52%
253	UNVERAENDERT	33	SU	32%	5	15%	28%	6	18%	23%	13	39%	37%	9	27%	36%
254	KEINE ANGABEN	18	SU	17%	6	33%	33%	7	39%	27%	2	11%	6%	3	17%	12%

159	O ANGEBOTSLEGUNG	37	SU	36%	4	11%	22%	6	16%	23%	16	43%	46%	11	30%	44%
160	OOO ENTWICKLUNG UND KONSTRUKTION	43	SU	41%	3	7%	17%	9	21%	35%	14	38%	40%	17	40%	68%
161	OOO ARBEITSVORBEREITUNG / FERTIGUNG	56	SU	54%	8	14%	44%	12	21%	46%	21	38%	60%	15	27%	60%
162	OO AUFTRAGSKALKULATION	37	SU	36%	3	8%	17%	9	24%	35%	13	35%	37%	12	32%	48%

15A) GRUENDE WARUM C A D (NOCH) NICHT EINGEFUEHRT WIRD

240	(NOCH) ZU TEUER	25	SU	24%	2	8%	11%	23	92%	88%						
241	KEINE ,ODER ZU GERINGE ANWENDUNGSMOEGLICHKEIT	14	SU	13%	10	71%	56%	4	29%	15%						
242	KEIN ,PASSENDES' SYSTEM AUF DEM MARKT	3	SU	2%				3	SU	12%						
243	EIGENE ORGANISATION NOCH NICHT CAD-REIF	3	SU	2%				3	SU	12%						
244	PERSONELLE RESOURCEN DERZEIT NICHT VERFUEGBAR	2	SU	1%				2	SU	8%						
245	CAD TEILWEISE IN DEN AV-PROGRAMMEN (NC) ENTHALTEN	1	SU	1%				1	SU	4%						
246	KEINE (EIGENE) ENTWICKLUNG UND KONSTRUKTION	3	SU	3%	2	67%	11%	1	33%	4%						
247	ZUR ZEIT ANDERE PRIORITAETEN	2	SU	2%				2	SU	8%						
248	ZU HOHER EINFUEHRUNGSAUFWAND	2	SU	2%				2	SU	8%						
249	WARTEN BIS CAD-SYSTEME AUSREICHEND AUSGEREIFT SIND	5	SU	5%	4	80%	22%	1	20%	4%						
250	KEIN GRUND ANGEGEBEN																

23. BEREITSCHAFT ZU WEITEREN INFORMATIONEN

256	O JA	47	SU	45%	3	6%	17%	10	21%	38%	20	43%	57%	14	30%	56%
257	O NEIN	57	SU	55%	15	26%	83%	16	28%	62%	15	26%	43%	11	19%	44%

```
FRAGEBOGENAUSWERTUNG - DERL, TEIL 1.3
NACH DER CAD-STRUKTUR-GESAMT
=====================================================================================================================
                                              | GESAMT SUMME    | CAD-NICHT       | CAD-NOCH        | CAD             | CAD
                                              | ALLER UNTERNEHMEN| SINNVOLL       | ZU TEUER        | GEPLANT         | ANWENDUNG
                                              |ANZ ZEI% SP%     |ANZ ZEI% SP%    |ANZ ZEI% SP%    |ANZ ZEI% SP%    |ANZ ZEI% SP%
SUMME DER FIRMEN, AUF DIE DIE SELEKTIONSKRITERIEN ZUTREFFEN
                                               104 SU    SU       18  17% SU        26  25% SU       35  34% SU       25  24% SU

12. EINSATZ DER DATENVERARBEITUNG IM KFM. BEREICH
  164  NEIN - KEINE SINNVOLLE EINSATZMOEGLICHKEIT   2 SU  2%        2  11%  11%       2  8%  8%        2  6%  6%        2  8%  8%
  165  NEIN - (NOCH) ZU TEUER                                      
  166  GEPLANT AB                                                  
  167  JA, SEIT                                    96 SU 92%       16  17% 89%       22  23% 85%      33  34% 94%      25  26% SU

13. EINSATZ VON NC-MASCHINEN
  225  NEIN - KEINE SINNVOLLE EINSATZMOEGLICHKEIT  25 SU 24%       10  40% 56%        5  16% 19%       6  24% 17%       5  20% 20%
  226  NEIN - (NOCH) ZU TEUER                       3 SU  3%        1  33% 11%        2  67% 8%                         1  33%  4%
  228  GEPLANT AB                                                  
  229  JA, SEIT                                    63 SU 61%        5  8% 33%       14  22% 54%      26  41% 74%      17  27% 68%

14. EINSATZ VON HANDHABUNGSAUTOMATEN (INDUSTRIEROBOTER)
  261  NEIN - KEINE SINNVOLLE EINSATZMOEGLICHKEIT  17 SU 16%        4  24% 22%        5  29% 19%      12  46% 34%       9  35% 36%
  263  NEIN - (NOCH) ZU TEUER                       3 SU  3%                          1  33%  3%                         2   8%
  264  GEPLANT AB                                                  
                                                   
  265  EINFUEHRUNG VOR                             47 SU 45%       13  28% 72%        9  19% 35%      15  32% 43%      10  21% 40%
  267  NEIN - (NOCH) ZU TEUER                      16 SU 15%        3  19% 17%        7  44% 27%       5  31% 14%       3   6% 12%
  268  JA, SEIT                                    25 SU 24%        2   8% 11%        5  20% 19%      10  36% 29%       8  27% 32%

15. EINSATZ EINES CAD-SYSTEMS
  235  NEIN - KEINE SINNVOLLE EINSATZMOEGLICHKEIT  18 SU 17%       18 100% SU                                          
  236  NEIN - (NOCH) ZU TEUER                      26 SU 25%                         26 100% SU                        
  237  GEPLANT AB                                  35 SU 34%                                         35 100% SU        
  238  JA, SEIT                                    25 SU 24%                                                            25 100% SU
```

```
FRAGEBOGENAUSWERTUNG - DERL, TEIL 1.3

NACH DER  C A D  -  S T R U K T U R  -  G E S A M T
```

		GESAMT SUMME ALLER UNTERNEHMEN			CAD - NICHT SINNVOLL			CAD - NOCH ZU TEUER			CAD GEPLANT			CAD ANWENDUNG		
		ANZ	ZEI%	SP%	ANZ	ZEI%	SP%	ANZ	ZEI%	SP%	ANZ	ZEI%	SP%	ANZ	ZEI%	SP%
SUMME DER FIRMEN, AUF DIE DIE SELEKTIONSKRITERIEN ZUTREFFEN.		104	SU	SU	18	17%	SU	26	25%	SU	35	34%	SU	25	24%	SU

21. HOEHE DES (GEPLANTEN) INVESTITIONSVOLUMENS

		ANZ	ZEI%	SP%							ANZ	ZEI%	SP%	ANZ	ZEI%	SP%
461	0 BIS 500.000.- OES	3	SU	3%							3	SU	9%			
462	0 ZWISCHEN 500.000.- UND 1 MILLION OES	9	SU	9%							8	89%	23%	1	11%	4%
463	0 ZWISCHEN 1 MILLION UND 3 MILLIONEN OES	21	SU	21%							10	45%	29%	12	55%	48%
464	0 UEBER 3 MILLIONEN OES	21	SU	36%							9	43%	26%	12	57%	48%
465	0 NICHT ANGEGEBEN OES	5	SU	5%							5	SU	14%			

16. GRUENDE FUER DIE PLANUNG ODER EINFUEHRUNG VON CAD

		ANZ	ZEI%	SP%							ANZ	ZEI%	SP%	ANZ	ZEI%	SP%
424	REDUZIERUNG DER DURCHLAUFZEIT	49	SU	47%							26	53%	74%	23	47%	92%
425	BESSERE ZEICHNUNGSQUALITAET	29	SU	28%							16	55%	46%	13	45%	52%
426	FLEXIBILITAET AM MARKT	37	SU	36%							19	51%	54%	18	49%	72%
427	KOSTENEINSPARUNG	40	SU	38%							24	60%	69%	16	40%	64%
428	SCHNELLERE UND ALTERNATIVE ANGEBOTE	36	SU	38%							21	54%	60%	18	46%	64%
429	ENTLASTUNG VON ROUTINEARBEITEN	6	SU	6%							4	67%	11%	33%	41%	8%
430	MANGEL AN QUALIFIZIERTEN MITARBEITERN	49	SU	47%							29	59%	83%	20	41%	80%
431	WETTBEWERBSVORTEIL GEGENUEBER KONKURRENZ	40	SU	38%							21	53%	60%	19	48%	76%
	NICHT ANGEGEBEN	3	SU	3%							3	SU	9%			

18. DURCH WEN WIRD ODER WURDE CAD BEI IHNEN EINGEFUEHRT

		ANZ	ZEI%	SP%							ANZ	ZEI%	SP%	ANZ	ZEI%	SP%
434	0 DURCH EINEN MITARBEITER AUS DER KONSTRUKTION	11	SU	11%							8	73%	23%	3	27%	12%
435	0 DURCH EIN TEAM AUS DER KONSTRUKTION	28	SU	27%							15	54%	43%	13	46%	52%
436	0 GEMEINSAM MIT DER ARBEITSVORBEREITUNG/FERTIGUNG	25	SU	25%							14	80%	11%	20%	4%	
437	0 GEMEINSAM MIT DER EDV - ORGANISATION	23	SU	22%							14	61%	40%	9	39%	36%
438	0 EINSCHALTUNG EXTERNER BERATER	18	SU	17%							10	56%	29%	8	44%	32%
439	0 MITWIRKUNG DES HERSTELLERS	18	SU	17%							10	56%	29%	8	44%	32%
440	0 DURCH ANDERE STELLEN	5	SU	5%							2	40%	6%	3	60%	12%
441	NICHT ANGEGEBEN	6	SU	6%							5	83%	14%	1	17%	4%

19. WAS WIRD DERZEIT MIT C A D DURCHGEFUEHRT

		ANZ	ZEI%	SP%							ANZ	ZEI%	SP%	ANZ	ZEI%	SP%
442	1. 2D ZEICHNUNGSERSTELLUNG UND -AENDERUNG	24	SU	23%										24	SU	96%
443	2. VARIANTENKONSTRUKTION	15	SU	14%										15	SU	60%
444	3. BERECHNUNGEN	11	SU	11%										11	SU	44%
445	4. STUECKLISTENERSTELLUNG	12	SU	12%										12	SU	48%
446	5. NC-SCHNITTSTELLE	8	SU	8%										8	SU	32%
447	6. 3D VOLUMEN-KOERPER, OBERFLAECHEN	9	SU	9%										9	SU	36%
448	7. BEWEGUNGSSIMULATION	2	SU	2%										2	SU	8%
449	- SONSTIGES	11	SU	11%										11	SU	44%

20. WAS WERDEN SIE IN ZUKUNFT MIT C A D DURCHFUEHREN

		ANZ	ZEI%	SP%							ANZ	ZEI%	SP%	ANZ	ZEI%	SP%
451	1. 2D ZEICHNUNGSERSTELLUNG UND -AENDERUNG	53	SU	51%							29	55%	83%	24	45%	96%
452	2. VARIANTENKONSTRUKTION	45	SU	43%							24	53%	69%	21	47%	84%
453	3. BERECHNUNGEN	34	SU	33%							18	53%	51%	16	47%	64%
454	4. STUECKLISTENERSTELLUNG	40	SU	38%							19	48%	54%	21	53%	84%
455	5. NC-SCHNITTSTELLE	29	SU	28%							14	48%	40%	15	52%	60%
456	6. 3D VOLUMEN-KOERPER, OBERFLAECHEN	26	SU	25%							10	38%	29%	16	62%	64%
457	7. BEWEGUNGSSIMULATION	11	SU	11%							3	27%	9%	8	73%	32%
458	- SONSTIGES	16	SU	15%							5	31%	14%	11	69%	44%
459	- NICHT ANGEGEBEN	5	SU	5%							5	SU	14%			

FRAGEBOGENAUSWERTUNG - DERL, TEIL 1.3

NACH DER CAD-STRUKTUR-GESAMT

		GESAMT SUMME ALLER UNTERNEHMEN			CAD - NICHT SINNVOLL			CAD - NOCH ZU TEUER			CAD GEPLANT			CAD ANWENDUNG		
		ANZ	ZEI%	SP%	ANZ	ZEI%	SP%	ANZ	ZEI%	SP%	ANZ	ZEI%	SP%	ANZ	ZEI%	SP%
	SUMME DER FIRMEN, AUF DIE DIE SELEKTIONSKRITERIEN ZUTREFFEN	104		SU	18	17%	SU	26	25%	SU	35	34%	SU	25	24%	SU

15.1 GEPLANTE ODER VERWENDETE CAD - SYSTEME

355	KEIN CAD-SYSTEM ANGEGEBEN	9	9%	SU				17	78%	SU	2	20%	SU	2	8%	SU
354	NOCH KEINE SYSTEMAUSWAHL GETROFFEN	11	11%	SU					31%	SU	5	83%	SU		20%	SU
351	EIGENENTWICKLUNGEN, SONDERANWENDUNGEN	6	6%	SU				11	33%	SU	12	57%	SU	3	48%	SU
357 B	SYSTEME AUF GROESSEREN RECHNERN	21	20%	SU				9	43%	SU		26%	SU		44%	SU
356 A	SYSTEME AUF KLEINRECHNERN - BASIS (2D, 2.5D)	19	18%	SU				8	42%	SU		23%	SU	11	58%	SU
340 A	AUTODESK AUTOCAD; PC, AOS/VS, AOS/RT 32	2	2%	SU							1	50%	SU	1	4%	SU
347 A	DATA GENERAL HPD-RAFT, HP-DESIGN		3%	SU								17%	SU		20%	SU
334 A	HEWLETT PACKARD, HAN		3%	SU				1		SU		33%	SU		83%	SU
344 A	INNOWARE		3%	SU								3%	SU	1	4%	SU
346 A	MARCUS COMPUTER SYSTEME E-PAART, IBM PC		3%	SU				1		SU		3%	SU		4%	SU
341 A	RACAL-REDAC CADET-SERIE, COLOUR MAXI		3%	SU				2		SU		6%	SU	2	4%	SU
349 A	SCI SCICARDS, PRIME		3%	SU				2		SU		6%	SU		4%	SU
358 A	TU AACHEN		3%	SU				1		SU		3%	SU		4%	SU
361 A	UNI SALZBURG DETAIL2, MEMOPLOT, PC		3%	SU				1		SU		3%	SU		4%	SU
352 A	ANDERE CAD-SYSTEME - AUF KLEINRECHNER - BASIS		3%	SU										3	12%	SU
359 B	APPLICON, SCHLUMBERGER BRAVO	3	1%	SU							1	3%	SU		4%	SU
336 B	COMPUTERVISION CADDS 4X, CDS		3%	SU							1	3%	SU		4%	SU
345 B	CONTROL DATA CD 2000, VAX, CDC 4000, MEDUSA		2%	SU				1		SU		3%	SU		4%	SU
348 B	FERRANTI CAM-X, VAX	2	2%	SU												
343 B	GENERAL ELECTRIC CALMA, VAX		1%	SU												
339 B	IBM CADAM2		3%	SU												
338 B	MATRA DATAVISION EUCLID															
337 B	MC DONNELL DOUGLAS UNIGRAPHICS															
362 B	RACAL-REDAC APOLLO DOMAIN															
360 B	SECMAI PCB-SECMAI, VAX															
353 B	ANDERE CAD-SYSTEME - AUF GROESSEREN RECHNERN	3		SU				1		SU	1		SU	1		SU

15.2 JAHR DER CAD - EINFUEHRUNG

324	1979 ODER FRUEHER	2	2%	SU										2	8%	SU
325	1980		2%	SU											8%	SU
327	1983		3%	SU											12%	SU
329	1985	16	15%	SU							7	20%	SU	9	36%	SU
330	GEPLANT ODER EINGEFUEHRT	18	16%	SU							7	20%	SU		32%	SU
331	1986 GEPLANT	17	16%	SU							17	49%	SU		48%	SU
332	1987 GEPLANT	11	11%	SU							11	31%	SU		8%	SU

Literaturverzeichnis

ABELN, O.: (Probleme) Probleme bei der Verwendung von CAD-Systemen in der Industrie, in: Konstruktion 27 (1975) H. 10, S. 374-380.

ANDERL, R.: (Konzepte) Konzepte und Lösungsbeispiele der CAD/CAM-Integration, in: Shanker, B./Mayer, W. (Hrsg.): Congress- und Ausstellungsmanual zum CAD/CAM-Congress vom 29.05.—01.06.1985, Linz 1985, S. 205-259.

BEY, I.: (CAD/CAM) CAD/CAM — Gesamtlösungen — vom Entwurf zum Fertigprodukt, in: Shanker, B./Mayer, W. (Hrsg.): Congress- und Ausstellungsmanual zum CAD/CAM-Congress vom 29.05.—01.06.1985, Linz 1985, S. 179-193.

BOEHM, F.: (Gesichtspunkte) Besondere Gesichtspunkte bei der Einführung der EDV in den Konstruktionsbereich, in: VDI-Berichte Nr. 191, Düsseldorf 1973, S. 139—143.

Bundesministerium für Wissenschaft und Forschung (Hrsg.): (Mikroelektronik) Mikroelektronik und Informationsverarbeitung, Leistungsangebot der österreichischen Forschung, Wien 1985.

BORNETT/NEUBAUER: (Innovationshemmnisse) Innovationshemmnisse in Klein- und Mittelbetrieben, Wien 1985.

DENNER, R./GAUSEMEIER, J./HENSSLER-MICKISCH, M.: (Dimension) Eine neue Dimension für Konstruktion und Planung, in: Siemens Data Report 17 (1982) H. 6, S. 26—31.

DROTLEFF, A./HACHMEISTER, I.: (FEM-Lösungen) Wirtschaftliche FEM-Lösungen, in: CAD-CAM REPORT 2 (1983) H. 5, S. 24—28.

DUUS, W./GULBINS, J.: (CAD-Systeme) CAD-Systeme, Hardwareaufbau und Einsatz, Berlin/Heidelberg 1983.

EDLINGER, H.: (Auswahlkriterien) Auswahlkriterien von CAD/CAM-Systemen im Hinblick auf wirtschaftliche Aspekte, in: CAD Computergraphik und Konstruktion (1983) H. 29, S. 7—14.

FEIERTAG, R.: (Maskentechnik) Maskentechnik für Mikroelektronik-Bausteine, in: VDI Berichte Nr. 555, Düsseldorf 1985, S. 1—2.

FIRNIG, F.: (Bedarfsanalyse) Bedarfsanalyse und Auswahlkriterien eines CAD/CAM-Systemes, in: Shanker, B./Mayer, W. (Hrsg.): Congress- und Ausstellungsmanual zum CAD/CAM-Congress vom 29.05.-01.06.1985, Linz 1985, S. 29—79.

FISCHER, W. E.: (PHIDAS) PHIDAS-a database managementsystem for CAD/CAM application software, in: CAD (1979) H. 11, S. 146—150.

FÖRSTER, H.-U.: (CAD/PPS-Kopplung) CAD/PPS-Kopplung — ein Meilenstein auf dem Weg zur rechnerintegrierten Produktion, in: CAD-CAM REPORT 4 (1985) H. 12, S. 54—59.

GRÜGNER, A. u.a.: (Industrieroboter) Industrieroboter nicht nur für Großbetriebe, Wirtschaftsförderungsinstitut der Bundeskammer der gewerblichen Wirtschaft (Hrsg.), Wien 1984.

HANSEN, H.R.: (Aufbau) Aufbau betrieblicher Informationssysteme, 4. Auflage, Wien 1981.

HANSEN, H.R.: (Wirtschaftsinformatik) Wirtschaftsinformatik Bd. 1, 4. Auflage, Stuttgart/New York 1983.

HATVANY, J.: (Stand) Internationaler Stand des CAD/CAM, in: Goebl, R./Pacha, F. (Hrsg.): CAD/CAM-Rechnerunterstütztes Konstruieren und Fertigen, Wien/München 1982, S. 15— 31.

HELLWIG, H. E.: (Kopplung) Kopplung von CAD und NC, Voraussetzungen und Auswahl geeigneter Anwendungen, in: Shanker, B./Mayer. W. (Hrsg.): Congress- und Ausstellungsmanual zum CAD/CAM-Congreß vom 29.05.—01.06.1985, Linz 1985, S. 99—136.

HERBOTH, K.: (Stromlaufplan) Vom Stromlaufplan zur bestückten Leiterplatte, in: CAD-CAM REPORT 2 (1983) H. 7/8, S. 41—44.

HUTTAR, E./WEISS, J./REINAUER, G.: (Konstruktion) Konstruktion und Fertigung computerunterstützt durch CAD/CAM, Wirtschaftsförderungsinstitut der Bundeskammer der gewerblichen Wirtschaft (Hrsg.), Wien 1983.

IDE, T.R.: (Technologie) Die Technologie, in: Friedrichs, G./Schaff, A. (Hrsg.): Auf Gedeih und Verderb — Mikroelektronik und Gesellschaft, Reinbek bei Hamburg 1984, S. 50— 102.

Institute of Industrial Innovation (Hrsg.): (CAD/CAM) CAD/CAM für die Praxis, Informationsbroschüre, Linz 1985.

KEIBLINGER, O.: (CAD-Systeme) CAD-Systeme in Österreich, Diplomarbeit, TU Wien 1985.
Kernforschungszentrum Karlsruhe (Hrsg.): (CAD/CAM) CAD/CAM, das rechnerunterstützte Entwikkeln, Konstruieren und Fertigen, Informationsbroschüre, Karlsruhe 1983.
KING, A.: (Industrielle Revolution) Einleitung: Eine neue industrielle Revolution oder bloß eine neue Technologie?, in: Friedrichs, G./Schaff, A. (Hrsg.): Auf Gedeih und Verderb — Mikroelektronik und Gesellschaft, Reinbek bei Hamburg 1984, S. 11—49.
KRAUSE, F.-L.: (Leistungsvermögen) Leistungsvermögen von CAD-Software für Konstruktion und Arbeitsplanung, in: ZwF 75 (1980) H. 2, S. 72—82.
KRAUSE, F.-L.: (Methoden) Methoden zur Gestaltung von CAD-Systemen, Dissertation, TU Berlin 1976.
KRUMHAUER, P.: (Rechnerunterstützung) Rechnerunterstützung für die Konzeptphase der Konstruktion, Dissertation, TU Berlin 1974.
LENK, K.: (Informationstechnik) Informationstechnik und Gesellschaft, in: Friedrichs, G./Schaff, A. (Hrsg.): Auf Gedeih und Verderb — Mikroelektronik und Gesellschaft, Reinbek bei Hamburg 1984, S. 295—335.
MICULKA, P.: (Plänezeichnen) Automatisches Plänezeichnen bei einem systemisierten Großprojekt, in: Goebl, R./Pacha, F. (Hrsg.): CAD/CAM-Rechnergestütztes Konstruieren und Fertigen, Wien/München 1982, S. 401—424.
MOLLATH, G.: (Stand der Technik) Neues zum Stand der Technik von SPS, in: VDI-Berichte Nr. 481, Düsseldorf 1983, S. 1—11.
MÜLLER, G.: (Darstellung) Rechnerinterne Darstellung beliebig geformter Bauteile, München/Wien 1980.
MÜLLER, K. A.: (Notwendigkeit) Die Notwendigkeit des EDV-Einsatzes im Konstruktionsbereich, in: VDI Berichte Nr. 191, Düsseldorf 1973, S. 5—11.
Nomina Information Services (Hrsg.): (ISIS) ISIS Engineering Report, München 1984.
NOWACKI, H.: (Standardisierung) Notwendigkeit und Möglichkeiten der Standardisierung im CAD-Bereich, in: VDI-Berichte Nr. 413, Düsseldorf 1981, S. 107—118.
Österreichisches Statistisches Zentralamt (Hrsg.): (Arbeitsstättenstatistik) Arbeitsstättenstatistik 1981, Wien 1982.
PAHL, G./BEITZ, W.: (Konstruktionslehre) Konstruktionslehre, Berlin/Heidelberg 1977.
PICHLER, O.: (Probleme) Personalwirtschaftliche Probleme bei der Gestaltung und Einführung neuer Informationstechnologien, in: Assistentenverband der Wirtschaftsuniversität Wien (Hrsg.): Symposium Informatisierung der Wirtschaft, Wien 1985, S. 21—23.
POHLMANN, G.: (Objektdarstellungen) Rechnerinterne Objektdarstellungen als Basis integrierter CAD-Systeme, München 1982.
PRASS, P.: (Einsatz) Einsatz von elektronischen Datenverarbeitungsanlagen für Berechnungen in der Konstruktion, in: Konstruktion 26 (1974) H. 6, S. 235—242.
REICHL, M.: (Grobanalyse) Grobanalyse einer Unternehmung im Hinblick auf den Einsatz von CAD-Systemen, Dissertation, TU Graz 1984.
REINAUER, G.: (Aufbau) Der Aufbau von anwendungsgerechten CAD-Systemen, Wien/München 1981.
REINAUER, G.: (CAD/CAM) CAD/CAM Computereinsatz in Konstruktion und Fertigung, in: Reinauer G. u.a. (Hrsg.): Tagungsband CAD in Österreich 1984, Seminar und Präsentation, Wien 1984, S. 42—59.
REINAUER, G.: (Variantenkonstruktion) Rechnergestützte Variantenkonstruktion im Ingenieurbereich, in: Goebl, R./Pacha, F. (Hrsg.): CAD/CAM-Rechnerunterstütztes Konstruieren und Fertigen, Wien/München 1982, S. 208—224.
REQUICHA, A./VOELCKER, H.B.: (Solid Modeling) Solid Modeling: A Historical Summary and Contemporary Assessment, in: IEEE Computer Graphics and Applications 2 (1982) H. 2, S. 9—26.
RODENACKER, W.G.: (Konstruieren) Methodisches Konstruieren, Berlin/Heidelberg/New York 1970.
SCHUSTER, R. (Erfahrungen) Erfahrungen bei der CAD-Anwendung in einem Unternehmen des Automobilbaues, in: VDI-Berichte Nr. 413, Düsseldorf 1981, S. 33—47.

SEBREGONDI, H.-P.: (CAD-Systeme) CAD-Systeme im Anlagenbau, in: CAD-CAM REPORT 2 (1983) H. 5, S. 56—62.

SIMON, R.: (Konstruieren) Rechnerunterstütztes Konstruieren, Dissertation, TH Aachen 1968.

SPUR, G./KRAUSE, F.-L.: (Aufbau) Aufbau und Einordnung von CAD-Systemen, in: VDI-Berichte Nr. 413, Düsseldorf 1981, S. 1—18.

SPUR, G./KRAUSE, F.-L.: (CAD-Technik) CAD-Technik, München/Wien 1984.

THOM, N.: (Effizienz) Zur Effizienz betrieblicher Innovationsprozesse, Köln 1976.

TIROCH, J.: (Stand und Trends) Stand und Trends von CAD/CAM, Diplomarbeit, TU Wien 1983.

VDI-Richtlinie 2223: (Begriffe) Begriffe und Bezeichnungen im Konstruktionsbereich, Düsseldorf 1969.

WILDEMANN, H. u.a.: (Investitionsplanung) Strategische Investitionsplanung für CAD/CAM, Passau 1985.

WITTE, E.: (Innovationsentscheidungen) Organisation für Innovationsentscheidungen, Göttingen 1973.

o.V.: (CAD) CAD für den Mittelbetrieb, in: DISPO-Zeitschrift für die Industrie 16 (1985) H. 9, S. 26.

o.V.: (CALMA) Werbeeinschaltung der Firma General-Electric/CALMA, in: OUTPUT Österreich (1985) H. 5, S. 28.

o.V.: (Informationen) Informationen Berichte Modelle, IBM (Hrsg.), Wien Dezember 1985, S. 23—24.

o.V.: (Japan) Japan — Ansturm auf den Markt, in: Chip (1985) H. 11, S. 312.

o.V.: (KLIMA-2000) KLIMA-2000, CAD-Systeme für die Haustechnik, Werbeprospekt der Firma EDV-SOFTWARE-SERVICE Ges.m.b.H., Villach 1984.

o.V.: (PPS-Grunddaten) PPS-Grunddaten-Datenfluß zwischen PPS und CAD/CAM, in: Management Data (Hrsg).: Seminarunterlagen zum CAD/CAM-Seminar, Wien 1985, o. S.

o.V.: (Megabit-Chip) Megabit-Chip geht in Massenproduktion, in: Die Presse/Eco Journal vom 20.12.1985, S. 19.

o.V.: (Personal Architect) Personal Architect, Werbeprospekt der Firma Computervision Corporation, Bedford, Massachusetts, USA 1985.

o.V.: (UNIX) Wird UNIX das neue Standard-Betriebssystem der Zukunft?, in: DISPO-Zeitschrift für die Industrie 16 (1985) H. 9, S. 22—25.